鲜食葡萄
优质高效栽培技术 »»»

◎ 马起林　主编

U0306831

中国农业科学技术出版社

图书在版编目（CIP）数据

鲜食葡萄优质高效栽培技术／马起林主编 . —北京：中国
农业科学技术出版社，2015.12

ISBN 978 – 7 – 5116 – 2392 – 8

Ⅰ. ①鲜…　Ⅱ. ①马…　Ⅲ. ①葡萄栽培　Ⅳ. ①S663.1

中国版本图书馆 CIP 数据核字（2015）第 289620 号

责任编辑	白姗姗
责任校对	贾海霞

出　版　者	中国农业科学技术出版社
	北京市中关村南大街 12 号　邮编：100081
电　　　话	（010）82106638（编辑室）　　（010）82109702（发行部）
	（010）82109709（读者服务部）
传　　　真	（010）82106650
网　　　址	http：//www.castp.cn
经　销　者	各地新华书店
印　刷　者	北京富泰印刷有限责任公司
开　　　本	850mm×1 168mm　1/32
印　　　张	5.75
字　　　数	144 千字
版　　　次	2015 年 12 月第 1 版　2017 年 2 月第 2 次印刷
定　　　价	22.00 元

《鲜食葡萄优质高效栽培技术》

编　委　会

前　　言

　　该书以鲜食葡萄优质高效栽培新技术为核心，重点阐述发展鲜食葡萄生产中应注意的几个主要问题和关键性栽培技术措施。从葡萄育苗到葡萄园的建立，从肥水管理到花果管理以及病虫害防治技术，从防冻管理到葡萄避雨栽培技术，还介绍了植物生长调节剂在葡萄生产中的应用。全书系统介绍了当前我国鲜食葡萄栽培的最新品种及进展，内容力求简明和实用，所介绍的技术措施均有明显的先进性和可操作性。可供葡萄生产专业户、生产农户、庭院种植者及有关技术人员参考。

　　由于我们业务水平还有待于提高，所积累的技术资料还十分有限，加之编写时间紧，书中难免会有不足和错误，我们衷心希望得到广大朋友的批评和指正，在此深致谢意。

编　者

2015 年 10 月

目　　录

第一章　认识葡萄

第一节　葡萄种植史简述

人类有意识地驯化栽培葡萄的历史早在公元前 7000—公元前 5000 年。我国在西汉时期的公元前 139—115 年由张骞从乌兹别克斯坦引回葡萄种植，"葡萄美酒夜光杯"，说明从那时起我们的先人已开始种植葡萄并懂得了酿酒，至今已逾 2000 年历史。1949 年全国葡萄种植面积不到 10 万亩[*]。1980 年初以来，出现了葡萄种植热，以巨峰及其一系列的引进推广为主。世界有计划的杂交育种始于 19 世纪末 20 世纪初，我国北京植物园从 20 世纪 50 年代开始有计划的育种。

第二节　葡萄的种类

葡萄属于葡萄科（15 个属）的葡萄属，葡萄属分为真葡萄亚属和圆叶葡萄亚属。

一、按品种生态地理起源和分布分类

1. 东方群

里海亚群：起源于较早的酿酒类型，果穗中等大，浆果较小，圆形，如马列特拉沙。目前，在阿塞拜疆、格鲁吉亚等地有少量栽培。

---

* 1 亩≈667 平方米，1 公顷 = 15 亩。全书同

南亚亚群：起源于较晚的鲜食类型，大穗，大粒，肉硬，无核。如可口甘、牛奶葡萄、无核白等。

2. 黑海群

格鲁吉亚群、东高加索亚群、巴尔干亚群。

本群的一般特征是叶背混生绒毛和刺毛；果穗中等大，紧密；浆果多为圆形，色黑或白、甚少粉红，果肉多汁；种子不大。比较接近野生类型。

3. 西欧群

起源于西欧法国、西班牙、葡萄牙一带。叶背有绒毛，叶缘向下弯曲；果粒紧密，中等大小。如雷司令、赤霞珠、瑞必尔等。

二、按种类亲缘关系分类

纯种性品种和杂种性品种。

1. 纯种性品种

包括欧洲葡萄，如莎巴珍珠、里扎马特、玫瑰香、龙眼、雷司令；美洲葡萄，如香槟、康可；圆叶葡萄，如河岸葡萄、沙地葡萄、冬葡萄、山葡萄、刺葡萄。

2. 杂种性品种

包括美系杂交种、欧美系杂交种、欧山系杂交种。

三、按形态分类共 27 类

果实：圆形、椭圆形、不定形。
叶背：光滑、绒毛、刺毛。
叶柄洼：开张、闭合、不定形。

四、按倍性分类

1. 二倍体品种

如龙眼、康可、无核白、美人指等。

2. 四倍体品种

如森田尼、四倍体玫瑰香、藤稔、红义等。

3. 三倍体及非整倍体品种

如夏黑、无核早红、高尾等。

五、按成熟期分类

1. 特早熟

从萌芽到果实充分成熟 100 ~ 115 天，≥10℃年活动积极温
2 000 ~ 2 400℃。

2. 早熟

从萌芽到果实充分成熟 115 ~ 130 天，≥10℃年活动积极温
2 400 ~ 2 800℃。

3. 中熟

从萌芽到果实充分成熟 130 ~ 145 天，≥10℃年活动积极温
2 800 ~ 3 200℃。

4. 晚熟

从萌芽到果实充分成熟 145 ~ 160 天，≥10℃年活动积极温
3 200 ~ 3 500℃。

5. 极晚熟

从萌芽到果实充分成熟 160 天以上，≥10℃年活动积极温
3 500℃以上。

六、按用途分类

鲜食品种：如巨峰、美人指、夏黑等。

酿酒品种：如赤霞珠、雷司令、玫瑰香等。

制干品种：如无核白、无核紫、亚历山大等。

制汁品种：如康可、康拜尔、晚红蜜等。

制罐品种：如森田尼、新玫瑰、京早晶等。

砧木品种：如 SO4、5BB、贝达等。

我国种植的葡萄，最主要的和栽培面积最大的是欧亚种葡萄和欧美杂交种葡萄。欧亚种葡萄又名欧洲葡萄，原产地在欧洲、北非和西亚一带，分布在夏季温暖且雨水较少的地区。欧亚种是栽培历史最早、品种最多、经济价值高的种类，有世界上最优良的鲜食、酿酒和制干品种。如美国红堤、玫瑰香、意大利等鲜食品种，赤霞珠、蛇龙珠、意斯林等酿酒品种。原产地在我国的龙眼、牛奶葡萄等也属此种。

欧亚优良品种突出的特点是品质好，果穗穗形美观，果粒色泽鲜艳，果肉硬脆，酸甜可口。这种葡萄深受消费者喜爱，市场销路好，高品质，高价位。另外，管理方便，栽培易于丰产，一般 7—10 月果实充分成熟。

欧亚种在栽培条件上，要求气候温暖、阳光充足和较为干燥的环境，其植株比较抗旱，但在抗寒力抗病性方面，较欧美杂交品种差，冬季需要埋土防寒。

欧美杂交种，由北美洲和美洲葡萄与欧洲葡萄杂交，育成欧美杂交种。美洲葡萄也是一个品种较多、栽培地区广、经济价值较高的种。它具有适应范围广、容易栽培、抗病抗寒等优点。欧美杂交品种既保留了两条优点，又改善了果实品质，既抗寒、抗病，又耐夏日高温多湿的气候，所以不少品种成为全国各地的主栽品种，如巨峰、藤稔、京优、金手指等。

第三节　葡萄的生物学特性

一、葡萄的植物学特征

葡萄是多年生落叶果树，具有一般果树的植物学特征。有发达的根系，枝干和繁茂的叶片，较大的树冠作为营养体，还有芽、花、果实、种子等生殖器官。

葡萄又属藤本植物，具有以下特点：①藤蔓细长、不能支撑自身，必须借助卷须攀附棚架或其他物体，向上生长和横向扩大树冠；②顶芽萌发早，生长快，新梢生长旺，短期可生长数米，再生更新能力强，一年可多次发枝；③茎蔓髓部结构疏松，导管大而长，能有效地输送营养；④茎节部有独特的横隔膜结构，卷须、果穗、芽、叶片都生长在横隔膜上，并通过隔膜获得水分、养分，保证迅速生长；⑤茎节处或节间可发生不定根，自行吸收营养，所以繁殖容易，可压条、扦插、嫁接繁殖；⑥大部分芽眼都能分化成花芽，结果枝占芽眼总数的比例高，副梢结实能力强；⑦一般每花序有200～1 500朵花，所以结实率高，可获丰产；⑧肉质根发达，可贮藏大量营养物质，供应生长发育。

葡萄是浆果植物，外果皮较厚，颜色随果实成熟程度不同而变化；中果皮肉质内含丰富的浆汁；果肉有维管束，种子小而多。这些特征是葡萄长期适应环境和人工选育的结果。

二、主要器官的形态特点

1. 根系

葡萄根系富于肉质，髓射线发达，能贮存大量的有机物质。在冬季来临前，能积累多量的糖、蛋白质和单宁等物质。葡萄的根系非常发达，起着固定植物位置、支撑地上部分、从土壤中吸收水分和养分输送到地上各部位去的作用，并有转化合成有机物质、积累营养物质等功能。葡萄根系在年生长周期中的开始生长时间，因品种不同也有所不同，同时受耕作技术、土壤、气候等自然条件影响。欧亚种根系较深，美洲种根系较浅；在土壤肥沃、深厚、干燥地的葡萄根系分布较浅；相反生长在土质肥力穷薄、潮湿地块上的葡萄，根系分布较深。土壤是否深翻，对葡萄根系分布范围和数量有很大影响，深翻100厘米以上，比未深翻的，根系数量增加 50%~80%，而且根系分布深度也增加 30 厘米左右，抗寒性和抗旱性也大大增强。春季欧洲种葡萄根系开始活动的土壤温度要求在 6.0~6.5℃，超过 28℃ 或低于 10℃ 便停止生长，最适宜温度为 21~24℃。美洲种葡萄在 5.0~5.5℃ 最即开始活动生长。园地覆草或盖地膜可提高地温，促使根系提早活动生长。葡萄根系在一年中有两次生长高峰期，第一次 5—6 月，第二次在 9—11 月。

实生根是播种后由种子的胚根发育形成的根系。它包括主根、侧根、二级侧根、三级侧根及幼根，在根和茎交界处有根颈。

扦插根系是扦插、压条、嫁接后从土中茎蔓生出的不定根，包括根干和分枝的细根。

根部最前端的根尖有根冠，能钻入土中，并对根的生长点起保护作用。根冠后面是细胞分裂区，可分生出大量细胞，即生长点。再后是生长区，粗而白，细胞增大。生长区后为吸收区，细胞分化出输导组织，表皮生出很多根毛，可吸收土壤中的水分和养分。吸收区后是输导区，可输送吸收的水分和养分。从根的发育先后看，开始形成的生长根生长快，可向深层土壤分生新根，它转化成吸收根。吸收根又称营养根，数量多，生长旺季或追肥后发根率高，可吸收土中的养分，并转化为有机物质。输导根浅褐色，变粗后形成骨干根，固定土中，支撑地上部分，并可贮藏营养物质。一株正常生长的葡萄苗就有大小几千条根，主要分布在 20~60 厘米土层中，离主干 1 米左右的范围里。旱地葡萄根系深可达 3~5 米，离主干 2~3 米，所以葡萄的耐旱性较强。

葡萄根系生命力很强。当移栽折断时，从伤口处可迅速发生大量新根。特别在晚秋时节和施肥后，葡萄根系具有最强的再生能力。

2. 枝蔓

葡萄枝蔓由主干、主蔓、一年生结果枝、当年生新枝、副梢组成。树干为主干（老蔓），不再伸长生长，但不断加粗。主干的分枝称主蔓，主蔓的生长与结果力密切相关，主蔓越粗壮，结实力越强。带叶片的当年生枝称新梢，在生长期内新梢一直保持绿色，但果实成熟前 10 天左右逐渐变为红褐色，成熟为一年生枝。次年一年生枝变成两年生枝，此后成为多年生枝。带有花序的新梢称结果枝，不带花序的新梢称发育枝。当年萌发的枝条称副梢。新梢和副梢在冬季落叶，这种秋季成熟枝统称当年生枝，或称一年生枝。一年生枝修剪留作次年结果，称结果母枝。

新梢的生长要消耗大量养分，因此控制新梢生长，将养分集中于生殖生长，是十分必要的。对新梢反复摘心，使新梢 80%以上达到径粗 0.7~1 厘米，可显著促进新梢成熟、花季分化，提高抗寒能力。如有 80%的新梢径粗在 0.5 厘米以下，说明已经发生徒长。

3. 芽

葡萄的芽是混合芽，主要两种，一种是冬芽，一种是夏芽，这两种芽同时着生于新梢的叶腋间。葡萄的芽具有早熟性，在生长周期中，可以多次抽生新梢。这一特性，对加速整形、提早结果、一年多次结果，增加早期产量和抵御不良的外界环境条件，均有重要作用。

冬芽是由 1 个主芽和 3~8 个副芽（预备芽）组成。萌发时带有花序的，称为花芽；不带有花序的，称为叶芽，但在未萌发之前，从外部形态上是很难区别的。在正常的栽培管理条件下，冬芽需在越冬后才能萌发，但如需要一年多次结果时，也可采取适当的修剪措施，促其在一年内二次或多次萌发。在一般情况下，一个主芽在当年仅能分化出 6~8 节，一个副芽仅能分化出 3~5 节。主芽萌发后所形成的新梢，称为主梢。副芽一般不萌发，但如营养充足，温、湿度条件适宜，或局部遭受刺激，也可萌发而抽生新梢，这种新稍称为主芽副梢。在一般情况下，每个节上只抽生 1 个新梢，但有时在同一节上也能抽生 2~3 个新梢，这种新梢，称为双发枝或三发枝。不论在同一节上抽生几个新梢，通常只保留 1 个，在花序少的年份，为了增加早期产量，也可留 2 个新梢。

冬芽，在一般情况下，当年是不萌发的，但如受到刺激如强摘心或主梢局部遭受损伤等，也可在当年萌发，同时还能在二次枝上开花结果。因此，可以利用这一特性，实现一年多次结果。但是，如果冬芽在秋季萌发，还没有来得及抽出新梢，就遇上低温而死亡；或在早春萌发后，又遇上低温而死亡，以后便不再具有萌发新梢的能力，此种芽眼称为瞎眼。修剪时如果遇到这种瞎眼，应该避开而不能剪在这一节上。在同一枝蔓上不同节位的芽，其质量有所不同。着生在基部的芽，芽体瘦小，发育不良；着生在中部的芽，多为饱满的花芽；着生在上部的芽，次于中部芽。不同部位芽的这种差异，称为芽的异质性。葡萄芽眼的这一特性，除和芽眼形成时的营养状况和外界环境条件有关外，不同品种间，由于生物学特性的不同，其优质芽眼部位的高低，也有所不同。熟悉不同品种的这一习性，准确掌握优质芽的部位，对搞好整形修剪是很有必要的。

夏芽是裸芽，着生在冬芽的旁边，在新梢叶腋中形成，当年夏芽萌发，抽生枝为夏芽副梢。在肥水充足、环境条件适宜和良好的管理条件下，通过相应的农业技术措施，如摘心、剪梢或喷布生长调节剂等，这类副梢也可在短期内形成花芽并开花结果。在当前的葡萄生产中，经常利用这种副梢，一年多次结果，以增加葡萄产量和经济效益。

在一般的栽培管理条件下，副梢的果穗和果粒都比主梢的小，皮厚，汁少，但糖酸比值较高。在实际生产中，是否利用副梢一年多次结果，要看葡萄的长势强弱、肥水供应、管理水平以及不同用途确定。如主梢发育正常，肥水供应充足，管理水平较高，负载不过量，市场也有需要时，鲜食品种可适当采用。如营养不足，枝蔓发育不充实，管理又跟不上，虽市场有需要，也不宜采用，特别是用于作酒的葡萄，因二次果果粒小，皮厚，酸度大，出汁率低，所以，一般不要采用。应在加强土肥水综合管理，保证树体枝蔓正常生长发育的情况下，保持常年产量。

隐芽是在多年生枝蔓上发育的芽，一般不萌发，寿命较长。但当附近枝蔓受到刺激时，也可抽生新梢。潜伏芽萌发的新梢，一般多不带果穗、再生能力强，常形成徒长枝。这类新梢，可用来培养成主蔓，进行枝蔓更新。

不同类型的芽，其萌发顺序是不一样的，冬芽的主芽首先萌发，当主芽受损或局部营养充足时，副芽也可萌发。在生长季节，主梢摘心后，副梢就迅速代替主梢；一次副梢摘心后，二次副梢就开始生长。每次摘心，均促使更高一级的枝蔓萌发。如果把副梢全部摘除，则可迫使冬芽在当年萌发。葡萄芽的上述特性，用于整形、枝蔓更新和多次结果。

葡萄混合芽在春季萌发，大量生出新梢，然后在新梢第3～5节的叶腋处出现花序。只要环境条件适宜，冬芽、夏芽都能形成花序。花芽分化通常是前一年春天开始，到第二年春天完成花序分化。新梢基部的冬芽，在春季主梢开花时开始分化，先长出花序原基（突状体），然后分化成各级穗轴原基、花蕾原基、第一花序原基、第二花序原基。到花后2个月左右，完成第二花序原基后，其分化速度即变缓慢，直至秋冬休眠。次年春天花芽继续分化，直至形成完整花序。

花芽分化状况与环境条件密切相关。当增加肥水、适时摘心，使葡萄植株多积累营养物质，少消耗营养，加上温度适宜、光照充足时，花芽分化就好，花序大，分枝多，花蕾也多，为结果丰产打下基础。

冬花芽分化：通常从主梢开花期开始，至终花后二周，第一花序原基便全部形成，与此同时，第二花序原基开始产生，以后发育逐渐减弱，一般在花后两个月左右完成第二花序的分化。此期，第一花序原基继续分化，营养物质充足时，则形成完整的花序原基，否则不能形成完整的花序，甚至退化形成卷须。因此，此期树体内营养物质是否充足，对花芽分化的优劣有着极为重要的作用。葡萄品种不同，花芽在新梢上的分布节位是不一样的，一般欧美杂交中的花芽分布节位较低，欧亚种群的花序分布节位较高。

夏花芽分化：葡萄夏花芽的分化时间较短，花序的有无和多少，因品种和技术措施的不同而有所差异。摘心对夏芽具有刺激花序形成有明显作用。另外，主梢长势的强弱和摘心的强度，对夏芽花序的分化也有不同程度的影响。

葡萄花芽分化是一个复杂而又缓慢的生理过程。葡萄在新梢伸长、开花和结果的同时，腋芽也在进行着花芽分化，孕育着下一年的产量，此时的葡萄枝蔓既担负着当年果实营养供给，又担负着下年度花芽分化营养供给的双重任务。所以，对葡萄的管理全年都不能放松。

葡萄花芽分化应具备新梢长势健旺、叶片光合能力强、结果量适中、树体贮藏营养充足等条件，根据花芽分化条件，结合烟台葡萄生产实际和葡萄生物学特性，为了促进葡萄花芽分化，建议采取以下几项措施：一是冬剪时选留节间较短、芽眼充实的枝条，采用中长梢修剪，适当多留结果母枝，待现蕾后再疏去空枝。二是采用缓和生长势的栽培架式，如棚架、"T"形架或水平棚架。留枝量宜稀疏，保持架面通风透光。三是适当绑缚结果新梢，让新梢自由下垂，并抹除副梢，提高基部第1～3节花芽的分化能力。四是绑缚新梢及时摘心，抑制新梢徒长，促进基部花芽分化，提高其分化水平，形成更多的花穗。五是严格控制氮肥用量，增加磷、钾肥的比例，增大碳氮比，重施有机肥，保护好秋叶，提高叶片光合作用，促进枝条早成熟。

4. 叶

葡萄叶由托叶、叶柄、叶片组成。托叶对幼叶有保护作用，叶片长大后托叶自选脱落。叶柄基部有凹沟，可从三面包住新梢。叶片形似人手掌，多为5裂，少数品种有3裂的。

叶片表面有角质层，一般叶有光泽，叶背面有茸毛。叶片大小、形状与颜色、裂刻深浅、锯齿形状是否尖锐等，是鉴定葡萄品种的重要依据。

叶的功能是进行光合作用、制造有机营养物质，并有呼吸作用，蒸腾作用，也有一定的吸肥和吸湿能力。叶片多少与产果量和果实品质有密切关系。

5. 卷须

成年葡萄植株新梢一般在第3~6节处长出卷须，副梢一般在第2~3节长出卷须。卷须是葡萄攀附其他物体、支撑茎蔓生长不可缺少的器官。不同品种葡萄的卷须着生规律不同。美洲葡萄系品种枝蔓各节均能长出卷须，欧洲葡萄系品种枝蔓断断续续长出卷须。当花芽分化时，如果营养充足，卷须原基本可逐步分化成花序；营养不足时，花序原基可变成卷须，生产上常见到卷须状花序。因此，栽培管理中，为节约养分常掐掉卷须。

6. 花序和花

葡萄的花序由花序梗、花序轴、支梗、花梗及花蕾组成。整个花序属复穗状花序，呈圆锥形。花序中部的花蕾成熟最早，开放最早，基部的次之，穗尖的花蕾成熟和开放最晚。葡萄从萌芽到开花的时间与气候条件、特别是温度密切相关，一般需6—9周时间。一般昼夜平均温度达20℃时，即开始开花。葡萄开花期的温度对花的开放影响很大：在15.5℃以下时，很少开花；

当温度在 18~21℃时，开花量迅速增加；当气候达 35℃以上时，开花又受到抑制。在 26.7~32.2℃时，花粉发芽率最高，花粉管伸长也快，在数小时内即可进入胚珠，在 15.5℃条件下，则需 5~7 天才能进入胚珠。花期湿度以 56%左右为宜。葡萄开花期的长短，因品种和气候条件而变化，大多为 6~10 天；一般始花后 2~3 天进入盛花期；盛花期后 2~3 天，进入生理落果期。

7. 果穗

果穗由穗轴、穗梗和果粒组成。葡萄花序开花授粉结成果粒之后，长成果穗。花序梗变为果穗梗，花序轴变为穗轴。果穗因各分枝发育程度的差异而形状不同，有圆柱形、圆锥形等形状。

果粒由子房发育而成。果粒形状有近圆形、扁圆形、椭圆形、卵形、倒卵形等。果皮颜色因品种不同而各异，其着色亦随果实成熟度而变化。果内中含有大量水分，故称浆果。评价品种表现优劣，主要看果形大小、果皮厚薄及是否易与果肉分离、果肉质地、含可溶性固形物多少、糖酸比、含有色素及芳香物质等。果粒紧密度也是一项考核指标。一般鲜食葡萄以穗大、粒大、果粒不过密为最佳。

8. 种子

子房胚珠内的卵细胞受精后发育成种子。葡萄果粒中一般含 1~4 粒种子。多数有 2~3 粒。有的品种果粒没有种子，即无核葡萄。通过选种无核品种、授粉刺激、环剥枝蔓、花前花后赤霉素处理方法，可获得无核葡萄。

第四节　葡萄生长期的特点

葡萄在一年中的生长发育是按规律分阶段进行的。每年都有营养生长期和休眠期两个时期，细分葡萄年生长周期，可分为 8 个物候期。

一、树液流动期

春季气温回升,当地温达到 6~7℃时,欧美杂交种根系开始吸收水分、养分,达到 7~8℃时欧亚种葡萄根系也开始吸收水分、养分,直到萌芽。这段时期称为树液流动期。根系吸收了水分和无机盐后,树液向上流动,植株生命活动开始运转,如果此时形成伤口,易造成"伤流",所以这个时期又称"伤流期"。

二、萌芽期

气温继续回升,当日平均气温稳定在 10℃以上时,葡萄根系发生大量须根,枝蔓芽眼萌动、膨大和伸长。芽内的花序原基继续分化,形成各级分枝和花蕾。新梢的叶腋陆续形成腋芽。从萌芽到开始展叶的时期称为萌芽期。萌芽期虽短,但很重要。此时营养好坏,将影响到以后花序的大小,要及时采取出土、上架、喷药、灌水和施肥等管理措施。

三、新梢生长期

从展叶到新梢停止生长的时期称为新梢生长期。新梢开始时生长缓慢,以后随气温升高而加快,到20℃左右新梢迅速生长,日生长 5 厘米以上,出现生长高峰期,持续到开花才又变缓。新梢的腋芽也迅速长出副梢。此时如营养条件良好,新梢健壮生长,将对当年果品产量、品质和次年花序分化起到决定性作用。此时必须及时追施复合肥料,还要剪除多余的营养枝及副梢,抹芽定枝。否则新梢就会长势细弱,花序分化不良,影响生产。

四、开花期

从始花期到终花期止,这段时间为开花期,一般 1~2 周时间。每天上午 8—10 时,天气晴好,20~25℃环境下开花最多。

如气温低于15℃或连续阴雨天，开花期将延迟。盛花后2~3天和8~15天有2次落花和落果高峰，落花率、落果率达到50%左右，这是正常情况。

影响葡萄开花结果的主要因素有温度、湿度、干旱和风。花期对温度要求较高，气温达到25℃以上时葡萄大量开花，最适温度为27.5℃。气温低于15℃时，葡萄则不能正常开花，受精会受到抑制。花期适宜的相对湿度为56%，如果多雨和干旱则会影响到开花和授粉。土壤湿度较大，开花时间较早，相反开花较晚。风也是影响开花的重要因素，大风不利于开花，会加重落花。在葡萄开花期内，每天上午6—11时是开花盛期，以7—9时为最盛。花后3~5天为第一次生理落果期。在葡萄花期，由于开花、花芽分化、枝蔓和叶片生长都要消耗大量营养物质。在这一时期，营养生长和生殖生长对养分的争夺非常激烈，如果大量养分消耗在新梢生长上，生殖生长养分得不到满足，便会造成开花前的大量落蕾，开花后还会继续落花，从而降低坐果率。如果在花期，土壤中的水分过多，根系通气不良，影响养分吸收，也会导致落花。

为提高坐果率，应在花前、花后施肥浇水，对结果枝及时摘心，人工辅助授粉，喷硼砂液。特别像巨峰、玫瑰香等品种，如生长过旺会严重落花落果。

五、浆果生长期

子房膨大至果实成熟的一段时期称为浆果生长期。一般需要60~70天，长的需要100天。子房开始膨大，种子开始发育，浆果生长。幼果含有叶绿素，可进行光合作用制造养分，有两次生长高峰。当幼果长到高粱粒大小（2~4毫米）时，部分幼果因授粉不良等原因落果。这时新梢生长渐缓而加粗生长，枝条下部开始成熟，叶腋中形成冬芽。在生产措施上应进行追肥、绑蔓、防治病虫害等。

六、浆果成熟期

果实变软开始成熟至充分成熟的阶段，时间半个月至 2 个月。这时果皮褪绿，红色品种开始着色；黄绿品种的绿色变淡，逐渐呈乳黄色；白色品种果皮渐透明。果实变软有弹性，果肉变甜。种子渐变为深褐色，此时浆果完全成熟。

浆果成熟期与品种有关，分极早熟、早熟、中熟和晚熟品种。浆果成熟期要求高温干燥，阳光充足。部分早熟和中熟品种的成熟期正好赶上雨季，园中易涝，果实着色差，不甜不香。管理上应注意排水防涝，疏叶，打掉无用副梢，喷施叶面肥，使果实较好地成熟着色。

七、落叶期

果实采收至叶片变黄脱落的时期称为落叶期。果实采收后，果树体内的营养转向枝蔓和根部贮藏。枝蔓自下而上逐渐成熟，直到早霜冻来临，叶片脱落。此是应加强越冬防寒措施，预防早霜提前出现，为果树安全越冬作好准备。

八、休眠期

从落叶到第二年春天根系活动树液开始流动为止，这段时期称为休眠期，也称冬眠期。我国幅员广阔，各地葡萄休眠不一。葡萄休眠并不是假死，植株体内仍进行着复杂的生理活动，只是微弱地进行，休眠是相对的。休眠期管理主要是施足基肥、修剪、灌水、盖塑料薄膜或埋土防寒等。

第五节　葡萄生长对环境条件的要求

一、温度

葡萄是喜温植物，温度影响着葡萄生长发育的全过程，直接决定产量和品质。一般早春 10℃ 以上时葡萄开始萌芽，秋季日平均温度降到 10℃ 以下时，叶片黄萎脱落，植株进入休眠期。葡萄生产结果最适宜的温度是 25～30℃，超过 35℃ 生长就会受到抑制，38℃ 以上时浆果发育滞缓，品质变劣，叶、果会出现日灼病。

葡萄不同生长期对温度的要求也有不同。如萌芽期，必须日平均气温在 10℃ 以是才开始萌芽；新梢生长期，20℃ 以上时新梢生长加快，花芽分化也快；开花期适宜温度为 20～28℃；浆果成熟期必须 20℃ 以上昼夜温差大于 10℃ 时，果品质量才能达到优良。

二、光照

葡萄是喜光植物，只有光照充足才能顺利地完成生长发育、花序分化和开花结实。光照不足，光合作用产物少，就会使新梢长势减弱、枝蔓不够成熟，最终造成果实着色不良、品质下降。光照问题在设施栽培中尤显突出，日光温室或塑料大棚必要时需开灯以补充光照。

三、水分

葡萄是耐旱植物，在北方大多数地方都可栽培。但水是葡萄生长发育不可缺少的物质，特别是生长前期，要形成营养器官就需要大量水分。如果过于干旱，就会出现叶黄凋落，甚至枯死。

葡萄在萌芽期、新梢生长期、幼果膨大期需要充足的水分，一般7～10天就应酌情浇水一次，或蓄水保墒。春旱时节尤要注意补水。开花期应减少水分，以促进果实膨大，此时浇水会增加产量，但大棚葡萄必须控制湿度，避免病害发生。浆果成熟期要求水分减少，但这一时期往往多雨，土壤过湿至积水，导致产量、品质降低和病害蔓延，此是应注意及时拓水、探制湿度，尽量不喷农药，以保证果品优质。

四、土壤要求

土壤是栽培葡萄的基础。葡萄生长发育要从土壤中吸收水分和营养，以保证其正常的生理活动。因此，土壤质地、土壤的温湿度和酸碱度等，对葡萄根系和地上部生长发育，都有极重要影响。葡萄对土壤适应性要求主要有以下几个方面：一是土壤质地。葡萄的适应性较强，在山地丘陵、滩地及轻度盐碱地上都能正常生长。但是实际选择园地时，还是要重视对土质的考查，质地疏松的土壤，通气性和排水性能良好，对葡萄根系发达和枝蔓生长有利；质地黏重的土壤，通气性差，排水不良，根系发育受阻，导致地上部分生长发育不良。因此，在选择园地时，要注意选择质地疏松、通气性和排水性能较好的地块，质地黏重的土壤和通气性、排水性虽好、但沙性太重、地力较薄、肥水易流失的地块还是不宜选择。二是土层深度。土层深度对葡萄根系分布的深度和广度，有明显影响。在沙土上，根系的分布深度可达2～6米；而在黏土地上，根系分布深度主要集中在耕作层内。山地，葡萄根系分布范围与下层的母岩性状有关，如土壤下层为深化熟化后的加厚活土层，对根系生长影响不大。如下层为横生岩，则根系只能分布在定穴内，对葡萄根系和地上部生长都不利，产量也不会高。三是土壤通透性。土壤结构与土壤的通气状况和土壤含水量密切相关。通气状况的好坏，又直接影响根系的活动和吸收。砂壤土和粗砂土，通气状况良好，土壤中的含氧量较高，根系发育正常，黏土地或下层为白干土层、胶泥层，则通气状况不良、土壤含氧量低，影响根系的呼吸和吸收，根系和地上部分生长将不好。在通气不良的土壤中，好气性微生物活动受影响，所以树体很易出现缺素症状，严重时会造成早期落叶甚至死亡。在一般情况下，土壤中的含氧量在12%时，根系才能正常生长。因此，对结构不良、心土坚实、通气状况不良的、地下水位过高或地表易积水的土壤，建园前都必须进行改良。四是土壤的酸碱度。土壤酸碱度对葡萄根系生长发育有较大影响。土壤中的有机质、矿质营养分解和利用，均与土壤酸碱度密切相关。在果树中，葡萄对土壤酸碱度的适应范围相对较广，在土壤中的总盐量在0.14%～0.29%时，葡萄可以正常生长而不受危害，只有总盐量在0.32%～0.4%时，花表现出受害症状。在土壤pH值5.1～8.5范围内，葡萄都能适应。土壤中的有害盐类，主要是碳酸钠、氯化钠和硫酸钠。盐类对葡萄的危害，主要是浓度增高，破坏树体正常的新陈代谢，抑制了根系微生物的生长活动，造成生理中毒，从而影响葡萄的生长发育。所以，在含盐量较高的土地上建园，应采取降盐措施；在日常生产管理中，对盐量较高的肥料和灌溉水，不宜使用。

第六节　葡萄生产概况

一、世界葡萄生产简介

葡萄是世界上栽培最早、分布最广和栽培面积最多的果树之一。据世界葡萄和葡萄酒组织（OIV）统计资料，2001年世界葡萄栽培面积为788.9万公顷，产量61 185千吨，仅次于柑橘；我国葡萄栽培面积和产量分别达到39.24千公顷（588.6万亩）

和448万吨，葡萄栽培面积位列世界第六，产量位列世界第五，其中鲜食葡萄产量居世界首位。2012年全球葡萄种植面积减少为752.8万公顷，中国的葡萄种植面积则扩展到57万公顷。在世界范围内，中国葡萄种植面积排名升至第四位，仅次于西班牙（101.8万公顷）、法国（80万公顷）、意大利（76.9万公顷），鲜食葡萄产量多年稳居世界首位。

欧州地中海沿岸国家如意大利、法国以酿酒为主；西亚土耳其、北非埃及及我国新疆等地葡萄以制干为主；美国以加州为葡萄主产区，以无核葡萄鲜食加工为主；我国的大部分地区及日本等东南亚国家以鲜食为主。在世界葡萄总产量中，约80%用于酿酒，13%用于鲜食，其余约7%用作制干、制汁。

二、我国葡萄品种区域化

我国地域辽阔，地形复杂，从北到南横跨寒温带、温带、亚热带、热带几个气候带，山、沟、滩、塬、川均有分布，地形的复杂性伴随着气候的多样性，这为葡萄产业发展提供了天然的、类型丰富的栽培区，同时也使品种区域化和品种选择工作显得更为重要。

按照各地生态条件的不同，可将我国葡萄栽培区划分为以下几个。

1. 东北、西北冷凉气候栽培区

该区主要包括沈阳以北、内蒙古、新疆北部山区。该区冬季气候严寒，尤其是吉林、黑龙江一带，冬季绝对最低温常在−40~−30℃，≥10℃年活动积温仅为2 000~2 500℃。积温不足是该区发展葡萄生产的主要障碍。这一地区葡萄露地栽培以抗寒性强的早中熟品种为主，同时苗木应采用抗寒砧木山葡萄或贝达。在城市和工矿区附近可发展以欧亚早熟品种为主的设施栽培。

同时，该区内的吉林、黑龙江和辽宁北部地区也是我国以山葡萄为主栽品种的特殊栽培区，根据不同地区葡萄酒酿造业发展情况，可积极发展山葡萄中一些优良的两性花品种，如双庆、双优、公酿1号、公酿2号、双锦及长白山5号、左山1号、左山2号及通化1号等山葡萄优良品系。

2. 华北及环渤海湾栽培区

该区主要包括京、津地区和河北中北部、辽东半岛及山东北部环渤海湾地区。这一地区葡萄栽培历史悠久，是当前我国葡萄和葡萄酒生产的中心区，鲜食葡萄、酿造葡萄及葡萄酒产量均在全国占有重要的地位。

该区气温适中，≥10℃年活动积温仅为3 500～4 500℃，无霜期180天以上，无降水量500～800毫米，夏季气温不高，有利于葡萄色素和芳香物质的生成，加之该地区交通发达、科技基础雄厚、市场流通优势明显，今后仍将是我国优质葡萄和葡萄酒发展的重点地区。为了保持该区产业优势，当前在葡萄品种选择上要重点发展欧亚优良品种，重视烟台地区葡萄品质，使这一地区葡萄产业的发展尽快达到国际先进水平。

3. 西北及黄土高原栽培区

西北及西北东部、华北西部黄土高原是我国葡萄栽培历史最为悠久的地区和传统的优质葡萄生产区，同时也是目前全国葡萄栽培面积最大的地区。

该区日照充足，气候温和，年活动积温量高，日温差大，降水量少，自然条件适宜发展优质葡萄生产，也是我国今后优质葡萄、葡萄酒重点发展地区。

该区根据气候条件不同可划分为新疆维吾尔自治区（以下简称新疆）、甘肃西部制干葡萄发展区和西北东部、华北西部黄土高原鲜食、酿造葡萄发展区两大部分。新疆（吐鲁番、鄯善地区）和甘肃（敦煌地区）是我国主要的葡萄干生产基地，除应继续大力发展原有制干品种无核白外，还应积极发展新的优质制干品种，和高档欧亚种鲜食葡萄品种如木纳格、红意大利、红地球等。

华北西部和西北东部的山西、陕西、宁夏回族自治区（以下简称宁夏）、甘肃黄土高原地区，不仅日照充足，降水量少，而且土层深厚，特别适于发展优质葡萄生产。这一地区应充分利用这一自然优势，合理规划，大力发展优质葡萄和葡萄酒生产，在品种选择上要以欧亚优良品种为主。

西北地区东南部和华北地区南部（包括部分黄河故道地区）气温较高，而且7—9月雨量较多，对葡萄生产和品质的提高有一定影响，在品种选择上要注意选用抗病性强、成熟期能避开阴雨的欧亚种品种，同时还可因地制宜地发展部分抗病、耐湿、品质优良的欧美杂交种鲜食和制汁品种。

4. 秦岭、淮河以南亚热带栽培区

秦岭淮河以南地区气温较高，年降水量大（800～1 500毫米），且多集中在7—9月，自然条件对葡萄的生长和品质提高都有一定影响，以往被认为不适宜葡萄发展的地区。

近10余年来，随着新品种选育和引种工作的加强、农业科技的推广，较耐湿热的巨峰系品种在南方得到了长足的发展，上海市、浙江金华、福建福州、湖南衡阳和怀化、四川成都和广元等地发展巨峰系品种都取得了良好的效果，并已形成一个新的巨峰系品种生产区。今后该区葡萄鲜食品种仍应以优良的抗湿、抗病的巨峰系品种为主，如京亚、京优、藤稔、夕阳红等。近年来上海、江苏、浙江、福建等省市进行的避雨栽培。实践表明，在人工设施避雨条件下，一些欧亚品种也能正常结果。这为我国高温多雨的南方地区发展优质欧亚种葡萄栽培探索出了一条可行之路。

5. 云贵高原及川西部分高海拔栽培区

云贵高原及川西高海拔、金沙江沿岸河谷地区地形复杂，小气候多样，其中一些地方日照充足（年日照在2 000小时以上），热量充沛，日温差大，降水量较小且多为阵雨，适宜发展葡萄生产。

第二章　葡萄育苗

目前，葡萄苗木生产中主要包括扦插育苗、嫁接育苗和营养袋育苗。在葡萄病虫害、病毒病无处不在的今天，随手从葡萄生产园中剪取枝条进行扦插，尤其是大面积建园，是非常危险的。我们有必要借鉴发达国家先进技术，生产无病毒健康苗木，建设高质量的葡萄园。

第一节　扦插育苗

扦插育苗是目前葡萄苗木繁殖应用最广而又最简便易行的方法，设施育苗多采用硬枝扦插育苗。

一、插条的采集

插条采集工作多结合冬季修剪进行。

1. 品种纯正调查与标记

插条采集前，必须对采种园的品种进行调查核实，对混杂品种植株挂牌或涂油漆作出标记，在修剪时先将错株提前修剪，并将剪下的枝条清出园外，以防插条混杂。

2. 严格插条采集质量

剪条时要选植株健壮、无病虫害的丰产植株，剪取充分成熟、节间适中、芽眼饱满的一年生壮条（粗度 0.7 ~ 1 厘米）为插条，过粗的徒长枝和细弱枝均不宜作插条。插条长度一般为6 ~ 8 个芽，但在种条紧张的情况下，不够长度的也可剪成 3 ~ 4 个芽的短条。插条每 100 根捆成一捆，随即挂上品种品牌，以防混杂。

二、插条的贮藏

插条的冬季贮藏一般采用沟藏，沟宽、沟深均为 1 米，长度视贮藏数量而定；也可在室内作保温、保湿贮藏。贮藏温度掌握在 0～2℃，沙子湿度以手握成团，一触即散为度。

贮藏时先在沟底铺约 10 厘米的湿河沙，将成捆的插条立放在沟中，一捆挨一捆摆好，一边摆一边用湿沙填满插条与插条之间、捆与捆之间的空隙，直至全部覆盖为止，寒冷地区应加厚覆盖层。在插条贮藏期间，应每隔一个月检查一次沙的湿度和枝条有无发霉，如湿度不够可适当喷水。如发现发霉，应立即将插条扒出晾晒，并喷杀菌剂，消毒后再重新贮藏。

三、插条剪裁

插条从贮藏沟中挖出后，先在清水中浸泡 24 小时，使其充分吸水。然后按所需长度进行剪裁。单芽长 5～10 厘米，双芽或 3 芽长 10～15 厘米，顶端芽眼一定选充实饱满的。在顶芽上距芽 1～1.5 厘米处平剪，下端在近芽 0.5 厘米处斜剪成马蹄形，这样有利于插条保持水分和增加生根。剪后每 50 根捆成一捆，下端一定要弄整齐。

四、催根处理

春季露地扦插时，常因气温变化大，白昼气温高于地温，插条先发芽，后生根，萌发的嫩芽常因水分、营养供应不上而枯萎，降低扦插成活率。为此，常通过人工加温催根办法创造条件，使葡萄枝蔓根原体细胞旺盛活跃起来。各地的试验证明，温度在 25～30℃时，插条生根快，故生产中常用人工方法降低插条上部芽眼处的温度，提高插条下部生根处的温度，以控制过早发芽，促进早生根，提高葡萄扦插成活率。

所谓催根扦插即催出枝条的愈伤组织，生产上常用的催根方法有电热线催根和电热褥催根等。育苗成活率在 95% 以上，此方法适用于小规模育苗。

利用电热线加热催根是一种效率高、容易集中管理的催根方法。一般用 DV 系列自动电加温线于苗床内，用以提高地温进行催根。DV 系列电加热线的功率有 400 瓦、600 瓦、800 瓦、1 000 瓦 4 种，可根据处理插条的多少灵活选用。电加温线的布线方法：首先测量苗床面积，然后计算布线密度，如床长 3 米，宽 2.2 米，电加热线采用 800 瓦（长 100 米），即布线道数 =（线长 – 床宽）/苗床长度 =（100 – 2.2）/3 = 32.6，即布线 32 道。布线间距 = 床宽/布线道数 = 2.2/32 = 0.06（米）。要注意布线道数必须取偶数，这样两根接线头方可在一头。然后用木板做成长 3 米、宽 2.2 米木框，木框两端按布线距离各钉上一排钉子，使电热线来回布绕在加热床上，上面铺 5 ~ 7 厘米的湿沙待用。18 插条修剪同露地育苗，只是每个插条只留上下 2 个芽。催根扦插常用化学药剂：50 毫克/千克吲哚丁酸、50 毫克/千克 ABT 生根粉、100 毫克/千克萘乙酸等。一般采用 95% 医用酒精或高浓度白酒进行溶解，充分溶解后根据所需浓度加水进行配比。用上述生根剂剂处理后按品种每 30 ~ 50 根捆成小捆埋在湿沙中，露出枝条一半即可，一般 1 平方米苗床可摆放 6 000 根左右的插条。扦插完成后立即灌透水。电加热线最好安装控温仪，床内前 3 天温度控制在 30℃ 时即可断电。以后将温度控制在 25℃。使用控温仪不但可以节约用电，而且省去观察温度和开关电源的手续，保证了苗床的最适温度和催根的顺利进行。在扦插过程中其闲暇时间进行做畦装袋，做平畦，长度 6 ~ 10 米为宜，深度 10 厘米左右。扦插袋可使用长 10 厘米，宽 8 厘米的小塑料袋，也可采用直径 5 ~ 6 厘米高度 8 ~ 10 厘米的营养钵。营养土可直接采用露地表土，有条件也可配制营养土。营养土的配制草炭：土：蛭石 = 3：3：1，充分拌匀后即可装袋。将每个装好的扦插袋倒置于扦插畦内，备用。在插条管理过程中，每隔 5 ~ 7 天视苗床湿度进行浇水。扦插时间 20 ~ 25 天，开始检查枝条底部愈伤组织的形成情况，当大部分枝条形成大量愈伤组织时，将已经装好的扦插袋灌透水，开始进行插条挑选，随挑随插，将愈伤组织形成多的进行扦插，形成少的再进行催根。已经长出根系的插条可将根系剪断直接扦插到扦插袋内，不影响成活，扦插深度为 3 ~ 5 厘米为宜。已扦插的苗木支拱棚，并用塑料覆盖，扦插条顶端芽体萌发后，开始放风管理，拱棚内温度白天 25 ~ 30℃，晚上 8 ~ 10℃。夜温不够可采取草帘覆盖。视扦插袋内干旱程度可浇水一至两次，当苗木长至 2 ~ 3 片叶时开始炼苗，逐渐加大放风口，让其苗木逐渐适应外界环境，直到完全揭开塑料为止，根据露地气温即可进行苗木栽植。烟台地区催根育苗可在 3 月上旬进行，于 5 月初可将育好的苗木直接移栽、定植。

近来有些地方利用绝缘性能较好的电热褥进行催根，电热褥上铺上塑料，周围用砖围砌，也获得了良好的效果。

五、扦插方法

烟台地区在 5 月上中旬扦插，扦插方法可分为垄插和畦插。垄插一般东西作垄，行距 40 ~ 50 厘米，先挖 15 ~ 20 厘米的沟，沟土向北翻，形成高 12 ~ 20 厘米的垄，然后将插条沿沟壁 15 ~ 20 厘米株距插入，如插条是已经催出幼根的，不能硬插，摆放即可。顶芽向南，插条向北倾斜 30°，插后立即灌水，待水渗下后，顶芽上覆土 3 ~ 4 厘米。畦插一般畦宽 1.2 米，按 30 ~ 40 厘米挖沟，将插条插入沟内，顶芽高于地面 1 ~ 2 厘米，灌透水，上面覆细土 3 ~ 4 厘米。垄插地温上升快，发芽早，中耕除草方便，通风透光，苗木生长一般较畦插为好。

第二节　嫁接育苗

将生产上推广品种的枝蔓作为接穗，嫁接到与接穗相配的品种砧木上，称为嫁接育苗。葡萄嫁接育苗大致有3方面的作用：一是通过砧木增强抗病虫害能力、抗逆能力，如贝达砧耐低温、5BB砧耐湿；二是利用砧木对接穗的生长结果某些有益影响，如华佳8号、SO4藤稔等自繁不易生根的品种有促进根系发达、优化树势以达稳产优质的目的；三是利用砧木加快新品种的繁殖，如利用大量过剩的巨峰自根苗，嫁接某些新育成的优良品种。

葡萄嫁接育苗的方法很多，按所用接穗枝分类，可分为绿枝嫁接和硬枝嫁接；按操作刀法分，可分劈接法和切接法；按生产季节分，可分为休眠期嫁接、伤流期嫁接和生长期嫁接。

一、休眠期嫁接

大量生产嫁接苗时常用这种方法。冬春季休眠期，多用劈接法。即将接穗和砧木在离芽眼2~3厘米左右处，用利刀切成对应的斜面，在斜面的中部劈一条0.5~1厘米深的口子，然后将斜切面对合，用塑料带绑缚扎牢。为促进伤口愈合，嫁接好后可放在25℃左右的愈合箱中进行保温、保湿，经15~20天后，砧木基部发出愈伤组织和幼根，接口处长出愈伤组织，经通风锻炼后，即可扦插于露地苗床或温室育苗箱中。嫁接苗定植于苗圃时，接穗离地面不可太近，以免接穗生根后取代砧木根系，而使砧木失去作用。

二、伤流期嫁接

即在葡萄伤流期前后，采用硬枝嫁接。可切接，也可劈接。

1. 切接

可用于育苗，也可用于老树更新或品种更新。削枝时切接刀一定要锋利，切面要平滑，削好的接穗应保留 2 个芽眼，以防芽眼萌发前后发生损伤。将砧木在距地面 5 ~ 10 厘米处剪断，在形成层内侧用切接刀垂直切下，切面要平直。接穗和砧木接合时，一定要使两者的形成面对准，而且接合牢固。如果砧木和接穗粗细不一致时，两者的形成面也必须有一侧彼此吻合，不能有空隙，以免影响成活。接合后用塑料条绑缚，松紧度要适宜。为促进接口愈合，可在砧木周围堆一土堆，并在接芽上覆盖 10 厘米厚的土层，以利保温保湿。嫁接后 30 ~ 35 天，接穗开始萌芽，砧木也会发出一些萌蘖。为保证接穗所萌发的芽正常生长，必须及时扒开堆土除去砧木的萌蘖枝和接穗所出的根。

2. 粗大的枝干嫁接时，常用劈接法

即在砧木横断面的中心纵切一刀，并分开砧木，插入削好的接穗，使两者的形成面彼此对准，再用塑料条绑缚好，防止失水，并用湿润细土将砧木和接穗同时埋上，以后要注意及时扒土，除去砧木萌蘖。

三、生长期嫁接

即绿枝嫁接。在 5 月下旬至 6 月上旬，葡萄当年萌发的新梢呈半木质化或接近木质化时进行。砧木和接穗都是当年萌发的新梢。砧木在嫁接前，首先应进行摘心和去掉副梢，促进加粗，过 2 ~ 3 天后，抹除砧木基部的腋芽，在砧木基部留 2 ~ 3 个叶片，在节上留 2 ~ 3 厘米的节间处剪断，用锋利的芽接刀在砧木剪口中间垂直劈开，深度 2 ~ 2.5 厘米。接穗应选健壮的新梢或副梢，在芽上 1 ~ 1.5 厘米处和芽下 3 ~ 3.5 厘米处断开，剪下后去掉叶片，只留 1 厘米左右长的叶柄，放在塑料桶中用湿毛巾盖上备用。接穗上的芽，最好是未萌发的夏芽，嫁接成活后，可早于冬芽 20 天左右萌发并长成新梢。绿枝嫁接的接穗常为单芽。嫁接时，于接芽下方 2～3 厘米处两侧削成光滑、平整的楔形斜面。接穗削好后，将砧木的切口轻轻撬开，将接穗仔插入，使形成层对准，砧木和接穗的粗细不一致时，也要保证一侧的形成层对准。接穗斜面刀口上露 1～2 毫米，俗称"露白"，有利愈合。接好后用塑料条绑缚严密，仅露出叶柄和冬芽或夏芽，干旱时可用小塑料袋将嫁接部位及接穗包住，防止失水，等成活后再将塑料袋去掉。

四、嫁接育苗的管理

影响葡萄嫁接成活的主要因素是：接穗和砧木的亲和力、营养状况、嫁接和成活期的管理、以及嫁接技术。其中嫁接后的管理是很重要的一个环节。嫁接后的管理主要如下所示。

1. 温、湿度的管理

温度低，气温回升慢，不利于愈伤组织的形成，气温过高又易造成萌发芽的灼伤，所以要注意温度的控制，温度控制在 25～28℃较为适宜。水分是影响葡萄嫁接成活的重要因素。春季嫁接时应避开伤流盛期，选在伤流盛期之前或过后。嫁接后要及时灌水，以后每隔 15 天左右灌一次透水。用温室或塑料大棚嫁接育苗，有利于温度和湿度的管理，对提高嫁接成活率有着重要作用。

2. 接穗新梢的管理

要及时抹掉砧木的萌蘖；当接芽抽出的新梢长至 20～30 厘米时，选留 1 条粗壮枝，搞好引缚，防止风折。同时，要及时对副梢留 1 片叶子摘心，促进新梢生长。在 8 月末至 9 月初对新梢摘心。

3. 病虫害防治管理

5—8 月每隔 15 天左右喷 1 次杀菌剂加杀虫剂，有效控制病虫害发生。

4. 肥料使用管理

结合喷杀菌剂，可加喷 0.2% 的尿素，促进生长，以后结合病虫防治喷 3~5 次 0.3% 磷酸二氢钾。

5. 要及时除去缚扎的塑料条

为嫁接部位松绑，促进加粗。

五、砧木选择与应用

葡萄砧木的研究开始于 19 世纪后半期葡萄根瘤蚜对欧洲葡萄生产造成的毁灭性打击。当时的葡萄种植者将不抗病的欧洲葡萄嫁接在具有抗性的美洲葡萄或砧木上，以抵御根瘤蚜的危害，拯救了欧洲葡萄生产，是葡萄防治史上的一场革命，并由此揭开了葡萄嫁接栽培和砧木研究的序幕。近几年来，在国内广大科技工作者的大力宣传下，选用抗性砧木进行嫁接栽培已逐渐被广大葡萄种植者接受，并给广大葡萄种植者带来实实在在的效益。但由于我国葡萄种植者习惯使用葡萄自根苗以及我国葡萄砧木研究的相对落后，广大葡萄种植者在进行葡萄嫁接栽培时，对葡萄砧木的认识和选择上还存在一定的误区和盲目性。我国地域广大，土壤类型、气候条件十分复杂，不同区域需要不同砧木品种。为促进树势健壮，促使树冠矮化，提高结实能力、抗病虫害能力，确保优质栽培，都需要不同的砧木类型。国内外常用的砧木品种主要有以下几种。

1. SO4

该品种抗根瘤蚜、抗根结线虫、抗盐碱、抗湿性均比较好。对嫁接品种有提高品质、着色好和早熟的作用。植株长势旺，与品种嫁接亲和力好，田间嫁接成活率高，苗木生长迅速。嫁接长势旺的品种，易导致品种延迟成熟和有落花落果现象，应加强夏季修剪进行控制管理。

2. 5BB

极抗根瘤蚜，抗根结线虫，耐石灰质和耐湿性好，在黏土中生长良好，但不太耐旱。田间与品种嫁接成活率高，并有提高品种品质、早熟和着色好的作用。但接穗易生根，与品丽珠、哥伦白等品种亲和力差。

3. 420A

极抗根瘤蚜，抗根结线虫；喜轻质肥沃土壤，有抗寒、耐旱、早熟、品质好等作用，田间与品种嫁接成活率较高。但长势偏弱。

4. 5C

植株性状与5BB相近，但生长期短于5BB。适应范围广，耐旱、耐湿，抗寒性强，并耐石灰质土壤。对嫁接品种有早熟、丰产作用，但有小脚现象。

5. 3309C

植株性状倾向于河岸葡萄。根系极抗根瘤蚜，不抗根线虫，不耐盐碱、不耐旱，适于平原地、较肥沃的土壤；对嫁接品种成活率高，能促进品种品质、早熟和着色。树势中庸。

6. 101～14MG

植株性状倾向于河岸葡萄。其根系发达，极抗根瘤蚜，较抗根线虫；抗湿性较强，能适应黏性土壤；不抗旱，生长期短。

7. 99R

生长旺盛，抗旱性较强，抗根瘤蚜、抗根结线虫，不抗盐；田间嫁接品种成活率高，与赤霞珠、神索、歌海娜等品种嫁接后品种长势旺、丰产。

8. 1103P

植株生长旺盛，极抗根瘤蚜、抗根结线虫；抗旱性强，适应黏土地但不抗涝，抗盐碱。

9. 1616C

极抗盐的一种砧木，极抗根瘤蚜；抗寒冷，抗湿性强，能在土壤含水量80%左右生长，抗旱性中等。田间嫁接成活率90%以上，嫁接亲和力好，当年生长较快，有利嫁接品种提早成熟。在沿海滩涂和河沿洼地及盐碱化土壤均可适用。

10. 山河系砧木

抗寒、抗病性强的砧木，对常见的白腐病、黑痘病、霜霉病、根癌病有较强的抗性。

六、机器嫁接

田间休眠季节嫁接和绿枝嫁接，该法操作简单，成活率60%左右，劳动强度大，技术要求高，要求较多的嫁接熟练工，嫁接不成活的第二年经常还需要补接，葡萄园整齐度没有保证，故采用此方法的人越来越少了。现代嫁接技术主要是指室内硬枝机器嫁接，机器嫁接目前采用自动化程度很高的欧米卡嫁接机，即用机器分别在接穗和砧木枝条上切出两个相反的Ω，二者被机器直接压合在一起，其操作技术易掌握，每小时可接600~700株，虽然成活率仅40%左右，但省工省时，已成为现代嫁接苗木生产的主要方法。

1. 处理枝条

2月将贮藏的砧木和品种枝条取出，根据不同育苗种类对枝条进行剪截，品种枝条可按2芽（长度约10厘米）剪截，嫁接用砧木条剪截成20~30厘米的长度。种条要求芽上留1厘米平剪，下部留2厘米斜剪成马耳形，每30条一捆，视枝条失水情况放入清水中浸泡，时间以24—48小时为宜，消毒后枝条贮藏在冷库内备用。

2. 准备生产嫁接苗木所需的设施物件

设施物件包括车间、机器、温室、塑料周转箱等。育苗温室可以采用普通蔬菜塑料大棚或日光温室大棚。嫁接好的枝条随即蘸蜡处理，用世高等农药杀菌后放于冷藏室（0～3℃）中贮藏备用。

3. 进行嫁接枝条的愈合层积

为了促进嫁接部位的愈合，于扦插前 15～20 天开始对贮藏的嫁接条进行层积愈合。层积温室内先期温度要求在 25～28℃，湿度应保持在 90% 以上，保持一周后，再以每天 2℃地速度降至20℃，随时观察嫁接部位愈合组织的形成情况。大约经过 15 天左右，即可以准备挑选，扦插。

4. 嫁接条育苗

将嫁接条取出，弃去未愈合的嫁接条，于 3—4 月直接扦插到温室营养钵中。钵中营养土采用表土和河沙与有机质混合配制，温室保持合适的温度、湿度，室温要求 25～30℃，湿度65%～80%。葡萄小苗要适时叶面施肥，并注意防治好病虫害，进入 4 月下旬，当葡萄幼苗达到 4 片叶时，开始进行炼苗，进入5 月，当苗高 10 厘米左右，筛选根系发育好的葡萄苗木定植于露地。

这种现代化绿苗生产方法节省时间和土地，每公顷地可培育嫁接苗 1 500 000 株，育苗期只有两个月，成活率高达 70%，嫁接部位结合优于传统硬枝接，育苗成本也比传统成苗低，今后可在葡萄苗木生产过程中大力推广。

第三节　营养袋育苗

营养袋育苗是指在保护设施内，提早将插条扦插在营养袋内，提前生根发芽，待露地霜冻过后、气温较高时定植田间。营养袋育苗苗期短，成活率高，长势好，不亚于当年定植的一年生苗。

一、塑料袋制作

从市场购买直径 10～15 厘米的塑料筒，按长 18～20 厘米剪成塑料袋，袋底用订书机封口或用缝纫机跑一道单线，也可用规格大小类似的其他塑料包装袋代替，但必须在袋底打几个小孔或在袋底两各剪一个孔，以利透气和排水，并可使将来长出的幼根能伸出根外吸收营养。

二、营养土的配制

营养土一般用肥沃壤土、粪肥、通气介质（如草炭土、细炉渣、河沙等）配制，比例为壤土 1 份，粪肥 0.5 份，通气介质 1 份。也有的用园土 4 份加蛭石或粗沙 1 份配制，再加入 5% 的腐熟鸡粪或饼肥。切忌使用未经腐熟的有机肥料，以免烧根。

三、作畦

在日光温室内按宽 1.2 米、长 5～6 米作畦，畦埂高 15～20 厘米，为方便管理，两畦之间应留在 40～50 厘米的小路，畦面要踏实整平。

四、营养土袋装并扦插

将配制好的营养土装入袋中，整齐而紧密地排放在低畦中。然后将已催出愈伤组织的插条插入袋中，顶芽露出地面。如催根过量，已长出较长幼根的插条，可先将插条放入袋中再装营养土，以免损害幼根。当一畦排满后立即浇透水，也可将低畦灌满水，使水从袋底小也渗入袋中，使营养袋充分吸水。为了保温、保湿，也可在畦面上扣小塑料拱棚。

五、扦插后的管理

主要是按时浇水，保持袋内土壤的湿度。扣有小塑料拱棚的，可在插条长出 3～4 叶时揭去拱棚。苗木新梢长出 5～6 片叶、露地土温达到10℃以上时即可移植田面。

第四节　葡萄保产改接技术

在葡萄生产过程中，常遇到因抗病性、不易管理、品种不对路等多种原因需要改换品种的情况，采用伐树重种的办法，一则会造成较大经济损失，二则推迟了葡萄产出时间，故在非特殊情况下，一般不主张采取伐树重种更新的办法，可采取保产改接更新的办法。

一、改接树体选择

需改接的葡萄树应选择树体生长健壮、无病虫害的植株作为嫁接对象，这有利于嫁接芽的成活。生长瘦弱、病害严重的树一般不作为改接对象，对这部分树，可直接采取伐树重种的办法进行更新，或在加强管理、待树体健壮后下年改接更新。

二、改接时间

葡萄改接的最佳时间是在葡萄盛花期至葡萄封穗期。

三、改接前的树体管理

在葡萄改接期间，按正常栽培管理树体，注意适当的多喷波尔多液或科博，保护好叶片。如果待改接的葡萄树是落花落果重的品种，则开花前在花序上部留 4～6 片叶摘心；如果是坐果率非常高的葡萄品种，则在花后留 8～12 片叶摘心。不管摘心部位高低，都在摘心点下面第一、二片叶之间嫁接。

四、嫁接技术要领

采用绿枝嫁接的方法改接。葡萄绿枝嫁接是老树更新换头的好办法。用木质化绿枝，嫁接成活率可达95%以上。每人每天可接500~800株苗。接后抽生的新梢在秋前可木质化，能安全越冬，接口愈合好，苗木质量高。在传统的绿枝嫁接方法的基础上加以改进，改带叶柄嫁接为不带叶柄嫁接。改嫁接叶芽为嫁接冬芽，冬芽肥壮，嫁接成活后萌发的新枝健壮，秋季前能全部木质化。接后用薄塑料条或地膜包裹接穗，使之不透气、不失水，便于愈合成活、成活率高。

具体操作注意事项如下：①选择优良品种、无病、粗细适中的健壮枝条作为接穗，用做接穗枝条上的果序和副梢，在接前20~30天摘除。②嫁接时间宁早勿晚。一般在5月20日至6月20日期间。嫁接前二三天葡萄植株浇一次水。晴天上午9时以后嫁接，刀具用单刃剃须刀，嫁接枝的粗细与接穗枝的粗细要大致相同，均要半木质化，即茎的髓心发白。接穗要随采随用。如果远距离采接穗时，可用广口保温瓶贮运接穗，瓶内装冰块降温保湿，防止接穗失水。③嫁接时在摘心点下第一、第二片叶之间剪成平茬，平茬口中间用刀向下切3厘米的切口，切口要南北方向，插入的接穗芽朝南，有利于生长。接穗冬芽要饱满充实，去掉冬芽旁的副梢芽，再去掉冬芽下的全部叶柄。每个接穗长5厘米，在接穗芽上端留1厘米，下端留4厘米，接穗芽下两侧1厘米处各向下削2.5~3厘米长的模形斜面，削口要平整光滑。将削好的接穗插入改接植株的切口里，对齐一侧的形成层，即对齐皮层，用宽1~1.2厘米、长20~25厘米厚的塑料条包扎接口，自下向上绑扎好，再用薄的塑料条把接穗全部缠裹绑紧，只露出芽。接后浇一次透水，以后见干及时浇水，接后7~10天萌生新梢。新梢高到 20 ~ 25 厘米时要及时插杆绑缚，防止风吹倒伏。平时要抹除大树上的副芽。④需改接的葡萄植株间距，可根据调整后的株距来确定。改接的树每株接 2 ~ 4 个芽，嫁接部位根据架式来确定，一般距地面 1 ~ 1.5 米。嫁接 1 周后检查成活率，成活率差的及时补接。嫁接后 20 天再次检查，并选择 1 ~ 2 个强壮枝作为新的主蔓培育，其余的去掉。嫁接植株原有的枝蔓可正常结果，不影响当年的产量。

五、改接后的管理工作

当嫁接新梢长到立柱顶端时摘心，选留两个副梢向左右两边铁丝延伸，及时绑缚和去副梢。立秋后及时摘心。冬剪时嫁接植株只保留嫁接部分，其余全部去掉。没有嫁接的葡萄按正常管理修剪。嫁接部分看枝条的粗度，不管多长，剪口粗度要保持在0.8 厘米以上。由于顶端优势，枝条长势比较旺，冬剪时所留顶端新梢长度一般在 1 米以上。第二年及时抹芽、定枝。一般留一个结果母枝，朝一侧生长，花序前留 12 ~ 15 片叶摘心。第二年冬剪时按嫁接后葡萄原结果处间距选留新梢，此时两侧的延长枝已基本生长碰头，完成架面。未嫁接的葡萄每株只留 2 ~ 3 个新梢作结果母枝，并尽量压低架面。第三年以后的嫁接葡萄按确定的架式正常栽培管理。未嫁接的每株只保留 2 ~ 3 个新梢，结 2 ~3 穗果，株产 2 千克左右，并使新梢分布均匀，尽量压低架面，保持园内的通风透光。

六、改接品种的选择

目前葡萄市场品种繁多，购买者选择的余地较大，不同品种的市场售价差别也较大，因此，必须选择消费者喜欢的葡萄品种，才能取得较好的效益。一般按下述思路去选择改接的品种。

（1）选择有香味的葡萄。如玫瑰香味葡萄，这类葡萄品种主要有：玫瑰香、早黑宝、香妃、贵妃玫瑰、达米娜、巨玫瑰、四倍玫香、安艺无核、无核白鸡心等；其次是草莓香型品种，主要品种有：巨峰、黑密、藤稔、高妻、饭刚黑、京优、峰后等。

（2）选择外观整齐、着色好，果穗大小适中，着粒不太紧、好看又好吃葡萄品种。

（3）外观奇特的葡萄品种，果粒细长、奇特、大粒、色泽艳丽的葡萄，主要品种有：美人指、黄金指、金手指、阳光玫瑰等。

（4）无核品种。

（5）耐贮运、货架期长的品种。

第五节　葡萄苗木出圃及苗木标准

一、苗木出圃时间

葡萄属于落叶果树，一般秋季叶片脱落后即可开始出圃。气候温暖的地区秋季起苗后可立即进行秋栽，这样不但利于根系恢复，而且也可以使苗圃地在起苗后布种绿肥或种植其他作物以恢复地力。在冬季较为寒冷的北方地区，秋季落叶挖苗后，不宜立即栽植，而要将苗木假植于地窖或假植沟中，以备第二年春季栽植。在一些秋季因各种原因不能挖苗的地方，苗木也可在苗圃中越冬，第二年春季再行起苗，但要注意及时进行地上部埋土防寒，防止田间冻害和鼠、畜为害。同时，要注意第二年春季起苗不能太晚，以防引起根系和枝条的损伤，造成过多的伤流。

二、起苗与假植

起苗前要在苗圃进行认真的品种核对和标记，严防起苗中发生品种混乱和混杂。如果苗圃土壤干燥，可事先适当灌一次水，这样不但挖苗容易，而且也不易损伤根系。苗圃中葡萄根系一般多分布于插条下端30~50厘米的土层中，而且根系向四周扩散，所以挖苗时应尽量远离苗木根颈部分。一般先在行间挖掘，然后再在株间分离，以保证肉质根长度在15厘米以上。挖苗后可将根系上附着的土轻轻抖散，注意尽量多地保留支根和须根，减少根系损伤。挖苗后立即将伤根、断根剪去，然后按品种每50株捆成1小捆，并在捆外挂上品种标签。要运销的苗木可用草袋、麻袋进行包装，对运途较远的苗木，在袋内填入适量保湿物或用塑料袋包装，防止运输过程中苗木失水干枯。对暂不外运的苗木要立即进行假植。假植可在地窖贮存或在假植沟中进行。假植沟应在背风向阳、土层深厚、不积水的地方挖掘，一般深80~100厘米，宽80厘米，长度按需要假植苗木的多少而定。假植沟挖好后，先在沟底填入一层湿沙或细土，然后将捆好的苗木根系向下按品种整齐排在沟内，并在根系部分填上厚15~20厘米的细沙或细土。对苗木上部枝条也应适当掩埋，防止冬季冻梢和风干，埋土厚度依据当地冬季气温状况而定。为了防止假植中造成品种混乱，除每捆苗上应挂上品种名牌外，还应对假植沟内各品种苗木安置情况做详细记载，起苗时再次核对。对育苗量较大的单位，最好按品种分开假植。

三、苗木分级

按国家规定的标准对苗木进行分级是苗木出售前的一个重要环节。为了确保苗木质量，必须严肃认真进行分级。葡萄育苗方法较多，加之不同品种生长强弱有所差异，因此，苗木分级和规格标准可能有所不同，但对优良的苗木来说，必须是品种纯正、枝条健壮、根系发达、无损伤和病虫为害。对于嫁接苗来说，除以上各项标准外，接合部应愈合良好。

四、检疫与苗木消毒

苗木检疫是用法律的形式防止危险性病虫害传播的重要措施，各地苗圃和育苗单位必须严格执行。根据国家植物检疫部门的规定，我国葡萄苗木的国内检疫性虫害是葡萄根瘤蚜和美洲白娥，检疫性病害是葡萄根癌病。

检疫由法定的检疫部门进行，经过检疫的苗木必须有检疫部门签发的检疫证和准运证方可向外运销。

生产上不但要杜绝检疫性病虫的传播，而且要尽量防止其他一些病虫的传播。因此，苗木不但要检疫，而且在运销前要进行苗木消毒。这对防止葡萄壁虱、介壳虫及黑痘病等病虫害的随苗传播有良好的作用。葡萄苗木消毒常用3～5度（波美度）的石硫合剂全株喷洒或浸苗1～3分钟，然后晾干，即可包装运销。

五、葡萄苗木标准

见附件2 NY 469—2001。

第三章　葡萄园的建立

当前，无公害绿色果品深受消费者的青睐，也是市场准入的必要条件。要生产出无公害优质葡萄，获得较高的经济收益，从生态环境、目标市场定位两方面严格做好葡萄园的选址规划是关键。

第一节　葡萄园的选址条件

葡萄是多年生经济作物，一旦定植，更新期长。葡萄园地选址是否适当，对投入和产出影响很大。特别对于生产无公害鲜食葡萄产地，应选择在生态环境良好，远离工厂、居民点、公路等污染源，并具有可持续生产能力的农业生产区域。应从本地实际情况出发，尽可能避免环境污染，达到优质、丰产、高效的目的。

根据中华人民共和国农业行业标准 NY 5087—2002《无公害食品 鲜食葡萄产地环境条件》的规定，对产地环境质量的要求如下。

一、空气质量要求

在标准状态下，空气总悬浮颗粒物每立方米平均含量不超过 0.30 毫克；二氧化硫不超过 0.15 毫克；二氧化氮不超过 0.12 毫克，氟化物不超过 7 毫克。其中，每立方米空气在任何时间二氧化硫平均浓度不超过 0.5 毫克，二氧化氮不超过 0.24 毫克，氟化物不超过 20 毫克。要达到上述要求，葡萄园址必须远离主要公路沿线 500 米以上，远离电厂、电站、化工厂、水泥厂、冶金厂、供暖锅炉、炼焦厂、窑厂等企业单位，以减少粉尘、二氧化硫、二氧化氮及氟化物的污染。

二、灌溉水质量要求

葡萄园灌溉水须经卫生部门化验，取得水质检验结果报告。经水质检验，水的酸碱度 pH 值应在 5.5～8.5 为合格。每升水中含总汞量不得超过 0.001 毫克，含总镉量不得超过 0.005 毫克，含总砷量和总铅量均不得超过 0.1 毫克，含挥发酚和石油类物质不得超过 1 毫克，氰化物不得超过 0.5 毫克。

要达到上述要求，葡萄园址不但应远离造纸厂、制碱厂、电镀厂、洗染纺织厂、化工厂、医院等单位，而且应检查水源污染状况。如采用河水灌溉，应检查上游的工厂排放污水情况；如采用地下水灌溉，应注意调查工厂用渗坑、渗井、管道、明渠、暗渠等形式排放有害污水，污染地下水源问题。另外，工厂堆放的废渣也易扬散、流失、渗漏地下，造成地下水污染。对含汞、镉、铅、砷等可溶性剧毒废渣，绝不能采用掩埋方式或排入地面水中。

三、土壤环境质量要求

每千克土壤中含汞、镉、砷、铅、铬、铜量要求见下表。

表　土壤环境质量要求

项目	含量限值		
	pH 值 ＜6.5	pH 值 6.5～7.5	pH 值 ＞7.5
总镉量（mg/kg）≤	0.30	0.30	0.60
总汞量（mg/kg）≤	0.30	0.50	1.0
总砷量（mg/kg）≤	40	30	25

（续表）

项目	含量限值		
	pH 值 <6.5	pH 值 6.5～7.5	pH 值 >7.5
总铅量（mg/kg）≤	250	300	350
总铬量（mg/kg）≤	150	200	250
总铜量（mg/kg）≤		400	

四、土壤改良

选择葡萄园址，除重视安全性外，还应重视丰产条件，对土质、地势等均有较高要求。葡萄在土壤肥沃、土层深厚、含有机质丰富的地块上生长良好，粒大果甜。葡萄喜带砂性的肥沃土，以石灰岩或含石灰质多的土壤栽种欧亚种葡萄最增产。因此，一些土质欠佳的土壤要通过改良以保证获得丰产。

1. 沙荒、河滩沙地

这种地块一般土质瘠薄，结构不良，有机质含量很低，不能满足葡萄生长发育需要，所以必须加以改良。如深翻熟化土壤的效果可保持数年，一般是幼树定植后扩大树盘，挖除石块回填有机肥。压土掺沙相当于施肥，可以压黄黏土、黄胶泥、草皮土等。栽植前可在栽植沟底垫一层黏土，然后填入秸秆肥，上部填入黏土，肥料混合土，以保证葡萄根系生长，增厚土层，增加营养。

2. 碱地、低洼易涝地

一般含盐量偏高，葡萄在此环境下根系生长不良，易出现缺素症，树体易早衰、低产。改良方法如深耕地，增施有机肥料，地面铺沙、盖草，可以改变土壤理化性状；勤中耕松土，可防止盐分上升地表；排除积水修台田，虽然工程较大但排水效果较好；栽植沟内可多填入农家肥、秸秆堆肥、炉渣土等。有条件的地方可采取引淡水洗盐措施。

3. 山地果园

产地条件较差，土层较薄，不保水肥，必须认真治理。可修筑梯田，实行"一树一库"工程，地面盖秸秆或杂草，每亩覆盖 1 000 ~ 1 500 千克，保水、增肥改良效果明显。

五、地势要求

葡萄为喜光植物，地势是影响葡萄产量和品质的重要因素。凡是生长在山地阳坡和缓坡上的葡萄，因地势高、通风透光良好，果实早熟，含糖量高，着色度和品质均好于平地的，且耐贮藏，发生病虫害也较轻。所谓阳坡指南坡、东坡、东南坡，缓坡的斜坡地，平地即地势平坦，土层较厚的地块，这些地方通风透光，排水较好，建葡萄园地均较理想。

山地的不同坡向往往光照差别很大，小气候迥异，阴坡地、坡底地光照差，坡地土层薄，葡萄易受旱受冻，且土壤肥力和水分变化较大，如在这些地方建园，需增施肥料，改良土壤。

第二节 葡萄园定向生产规划

一、确定目标市场

种植葡萄的目的是要在市场上把葡萄卖出去，即形成商品。困此，葡萄生产应有明确的目标市场定位，以市场为导向发展葡萄生产。要分析一下，目标市场上什么样的葡萄好卖，什么时候上市的葡萄效益好，何种栽培形式效益高，以此规划葡萄园建设。

二、葡萄园经营规划

发展葡萄生产，要充分重视品种区域化，选择最适宜当地栽培的葡萄品种，适地适栽。从大范围讲，我国的"三北"地区、西南高海拔地区及长江以北大部分地区，是葡萄生产适宜区，基本上可发展各类葡萄，特别适宜欧亚种；江南及沿海暖湿地区作为葡萄生产次适宜区，一般适宜发展抗病力强的欧美杂种。但近年来，南方地区通过大力推广设施栽培等科技生产措施，已使欧亚种在南方的生产栽培成为可能，一定程度上弥补了自然条件带来的不足。

葡萄园的生产规划，应以全年供应鲜食葡萄为目标，针对当地消费特点及供需情况，合理搭配适宜的早、中、晚品种，以期获得最佳效益。

三、葡萄园棚架设置

葡萄是藤本植物，必须靠棚架支撑，才能形成良好的树形，从而获得丰产。现介绍几种主要的棚架模式。

1. 篱架式

每隔一定距离设立一根立柱（可用水泥杆、石条、木杆等），柱上拉铁丝成线，形成篱笆，称篱架。篱架双分为单壁篱架（单篱架）、"T"形架等架式。平地规划较大的葡萄园一般常用单壁篱架，管理操作比较方便、成本较低。面积较小的葡萄园和一些老葡萄园多用双壁篱架。

单篱架立柱高2.15米左右，埋土后架一般为1.5～1.7米，柱间距7～8厘米，柱上每隔40厘米拉一道铁线，一般4道线。在架一侧栽葡萄，架行距一般为2.5～3米。柱距一般为1.5～2.5米。单篱架式的优点是：适于密植，整形速度快，通风透光好，树势旺盛，枝蔓成熟度高，主蔓多，更新快，易丰产。缺点是主蔓易旺长过密，需及时整枝。

双篱架是架 2 排立柱，两排立柱基部相距 60~70 厘米，顶部相距 1 米，立柱倾斜，架面比单篱架扩大，柱上各拉 4 道铁线。葡萄栽在两排架面之间，主蔓分两条分别绑缚在两个架面上，架行距 2~3 米。双篱架的架面比单篱架扩大一倍，单位面积出产量较高，但通透性差，管理工作量较大。

"T"形篱架是单篱架顶端钉一横杆，杆长 0.8~1 米，杆上拉 4 道铁线，立柱拉 2~3 道铁线，行距 4~5 米。"T"行架架面增大，也较单篱架增产。其通透性较好，病虫害轻。适于机械喷药、夏剪，树势缓和，但缺点是制作安装较费工费料。

2. 棚架式

在两根立柱中间架一横梁，横梁上每隔 50~60 厘米拉一道铁线，共拉 5~9 道线，搭成荫棚形，这种架势称棚架。一般架梁长 4~6 米，称架长。距葡萄 0.7~1 米处架一排立柱，称架根，高 1.2~1.5 米，柱间距 2~3 米。距第一排 4~6 米再平等竖立第二排立柱，称架梢，高 2 米左右。还可再竖第三排，行内柱间距 2~3 米。常用的棚架有小棚架、大棚架等架式。

小棚架所形成的主蔓较短，容易调节树势，通过及时整形可以早期丰产；更新后树势恢复快；因架短便于枝蔓下架弯倒防寒和出土上架，所以各地应用较多。缺点是各行之间易遮光，植株下部落叶枝蔓光秃，防寒取土面积加大。大棚架适于大肥大水管理水平，多在葡萄老产区和庭院里栽植，适用于株数少、老龄、高产葡萄品种。

3. 篱棚架式

一种兼有篱架和棚架架面的架式，由单篱架接棚架形成。由两行立柱和横梁构成两个架面。立柱相距 4~5 米，近植株端高 1.5~1.8 米，远端高 2~2.5 米，中间横梁（架长）4.5~5.5 米。立架面拉 2~3 道铁线，棚架斜面拉 4~6 道铁线。由于有两个架面，可以充分利用空间和光照，从定植到盛果期短，结果量增加，可获早期丰产，比单篱架增产 50% ~ 80%。且较棚架少用架材，成本低。缺点是因两种架面双层结果，行与行之间易遮光，影响生长。需加强更新修剪，防止植株枝蔓过旺生长。

四、葡萄定植

根据苗木种类，可分为成苗定植、绿苗定植和扦插定植三种。根据定植时间，有冬季定植与春季定植。

1. 定植前的准备

首先做好土壤准备，实行冬春成苗定植的葡萄园，定植沟在初冬季节前要挖好（长江三角洲一带一般在 11 月底），并灌水使土壤下沉、土肥交融。对定植沟的表土部分，反复多次中耕，使畦面达到平、松、细的要求。实行绿苗移栽的葡萄园要在苗木定植前 1 个月做好定植沟的准备工作，土壤的松、细程度要比成苗定植更严格。扦插定植一般采用硬枝扦插，为了提高种植质量，也必须在扦插定植以前挖好定植沟，并且要在扦插前 15 天覆好地膜，保持土壤温度和湿度。实践证明，扦插育苗不仅成活率高，而且加强管理后当年的生长量与成苗定植相差不多。

定植前要做好苗木的检查整理。不同级别的苗木要分开，分别集中定植，以方便管理。还要结合苗木整理，修剪根系和苗干。一般 0.2 厘米以上的根系只剪留 10 ~ 15 厘米，根茎以上的枝芽（嫁接苗在嫁接口以上）保留 3 ~ 4 个，千万不可留芽太多。

2. 定植时间

绿苗定植一般在 5—6 月，具体时间还要看苗木的生长情况和气温情况。一般来说，只要苗木、气温两方面条件具备，绿苗定植的时间是越早越好。

扦插定植的时间只有在春季进行。在生产上，一般不提倡绿枝扦插定植。

3. 定植方法

定植时间选择晴好天气，先按原设计设计定点放样，再沿定植沟的中心线挖穴放苗，每穴一株。种植时把苗扶直，使根茎比地表略高，根系舒展于穴内。等穴内填土过半时，摇动树苗，用脚踏实，然后向上微提苗茎，使根系与土壤充分接触，再填土满穴，并在苗四周筑一圈小土坝，直径约 30 厘米（北方也叫"打坝子"），土坝打好后浇水。水要浇透，此次浇水十分重要。等水分完全渗干后在树堰周围取土，将浇过水的地方盖没，防止水分蒸发。为提高苗木成话率，种植后最好覆盖黑色地膜，覆膜前要按地膜的宽度整理好畦田。

绿苗定植方法与成苗定植差不多，但绿苗必须带土，定植时要注意防止根际泥土脱落。

扦插定杆方法与扦插育苗基本相同。但扦插定植所用的插条要长些，最好能有 4~6 个芽。为保证成活率，可按计划密度加倍定植，每穴内放入两根插条。

4. 提高定植成活率的方法

葡萄种植后不论是嫁接成吕苗、绿苗还是扦插枝，都很容易成活。成活率高低，除与定植树前准备和苗木、插条自身质量有关以外，还与定植后的管理工作密切相关。定植前首选将苗木根系在水中浸泡 1~2 天，以使苗木充分吸水。然后进行适当修剪，地上部一般剪留 2~3 个饱满芽，地下部根可留 15~20 厘米短根，受伤的根在伤部剪断，但若剪截过短会造成苗木贮藏养分的损失，对苗木当年生长不利。剪截后最好喷施一次 3 波美度石硫合剂，以铲除苗木上的病虫。最后将处理好的苗木根系蘸泥浆（泥浆配方：生根粉 + 根癌灵 + 辛硫磷等杀虫剂 + 水 + 土）备用。在定植垄上按定植点挖深宽各 20~30 厘米的栽植坑，在坑中作出馒头状土堆，将苗木根系舒展放在土堆上，当填土超过根系后，轻轻提起苗木抖动，使根系周围不留空隙。坑填满后，踩实，在垄上顺行开沟灌足水，待水渗下后，覆盖地膜，一方面以防水分蒸发，另一方面以利于提高地温，促进苗木根系发育。地膜覆盖时，需将整个栽植垄全部覆盖并将地膜两侧用土压实，同时用细土将苗木附近地膜开口处封严，防止热空气将苗木烤伤。栽植行内的苗木一定要成一条直线，以便耕作。苗木栽植深度一般以根颈处与地面平齐为宜。

5. 幼苗期管理

（1）竖支柱。种植后需立临时支柱，有条件的也可架设永久支柱并拉 1~2 道铁丝。

（2）及时绑缚、除萌蘖。发芽后及时除去嫁接苗砧木上发出的萌蘖和接穗上发出的根蘖。新梢出来后一般只保留 1~2 个粗壮的新梢，其余抹去。保留的新梢要及时绑缚固定，不要任其倒状，否则容易被风吹折断，并易感染病害。

（3）中耕除草保墒。幼苗期除草十分重要，杂草不但与葡萄幼苗竞争水分养分，而且影响光照，易发生病害。生长季节视情况要进行多次除草。

（4）灌溉。幼树抗旱差，尤其干旱季节需灌溉多次，雨季则需及时排水。

（5）病虫害防治。防治叶部真菌病害是保证幼树健康成活的关键环节，重点是防治霜霉病、白粉病，在未有病症出现之前（进入 6 月后）就要喷波尔多液预防，一旦发病要及时采用高效药物治疗。

（6）防寒越冬。幼树第一年生长旺盛，进入休眠晚，往往霜降时才被迫落叶，干物质通常积累不足，表现抗寒性差。因此北方大部分地区应该灌足封冻水、培土防寒。

第三节 葡萄树体整形

各种葡萄整形法是各地区自然环境条件下，经过长期实践摸索出来的。不同整形法看似差别很大，但原理是相通的，即通过整形修剪调整平衡好葡萄营养生长与生殖生长的关系，以达到稳产、丰产、优质的目的。

一、抹芽

葡萄苗发芽以后，根据整形的要求，除保留 1~2 个芽子外，其余全部抹除。抹芽要分批、分期进行。尽量选留低节位的萌芽。瘪芽、不定芽要首先抹除，双芽只能保留一个。

二、及时绑梢

俗话说："要想长，朝上绑"。葡萄新梢长到 50~60 厘米时，就要开始绑梢，否则不利于生长。绑梢前，架材的设置要到位，铁丝要拉好。对于达不到铁丝高度的新梢可以先吊起来，等生长高度达到后再行绑梢。

三、合理利用副梢

葡萄产量的形成，主要是光合作用的积累。葡萄定植当年，由于单株新梢生长量小，叶片少，叶面积极因素系数低，不利于光合产物的积累，因此翌年一般情况下产量较低。定植当年夏秋季管理中多留副梢叶片是提高翌年产量的重要措施。

多留叶片，就必须多留副梢。而副梢多留、少留、留在什么部位上，都要紧密结合架式与树形的要求。下面结合几种不同架式与树形的培养，分别予以介绍。

四、按架式设计培养树形

1. 篱棚架

定植后选留两根新梢做主蔓，呈倒八字形绑缚。如果葡萄只生出一个新梢，必须在长至 50 厘米时摘心，利用顶端 2 根副梢作主蔓。当新梢超过第一道铁丝 10 厘米左右，长度约 80 厘米时，对新梢（主梢）进行摘心，并保留摘心口下面的 3 根副梢。这 3 根副梢的方向不一样，作用也不一样。顶生副梢向上延伸，作主蔓培养，两上侧生副梢一左一右，各自平行沿铁丝向前生长，作为翌年结果母枝（其着生部位要挨近铁丝）。其余副梢统一保留 1 叶摘心。基部 40 厘米以内，副梢抹光。第一次主梢摘心后当延长副梢又长出 50 厘米左右时，先行绑梢（绑在第二道铁丝上），再行第二次摘心。这时第一次摘心后的侧生副梢已达到 7～9 叶，要同时摘心。叶腋中的二次副梢叶片均留 1 叶，摘心口仍保留 1 根副梢继续生长，长到 4～5 叶再行摘心。

值得注意的是作为结果母枝培养的侧生副梢不能直立绑，而是先任其自然下垂生长，等"低头弯腰"时再绑在铁丝上。做主蔓延长梢的副梢要直立向上，经过 3 次摘心后（生长到第三道铁丝）就要开始促进加粗生长。方法是主蔓延长梢不再向上绑扎，而是使其自然下垂，促使先端养分回流，加深花芽分化。

此种整形方式可使葡萄当年成熟长度达到 1.5 米以上，具有 2 根主蔓，每主蔓有 4～6 根结果母枝，翌年单株产量均在 5 千克以上。

2. "T"形架

苗木发芽后保留一根新梢做主干，长到 100 厘米或 120 厘米时摘心，保留顶端 2 根副梢，往第一道铁丝上南北向引缚，作为主蔓。其下副梢均保留 1 叶摘心。第一次摘心后的 2 根副梢长到 30 厘米左右时，进行第二次摘心，只保留摘心口的顶生副梢向前延伸，其余侧生副梢均留一叶重摘心。秋季落叶前两条主蔓成熟长度各达 70~80 厘米，第二年冬季通过修剪再使主蔓向前延伸，最后达到 1.5 米左右的长度，并在每条主蔓上培养 10 个左右的结果枝组。

3. 平棚"X"形架

定植后保留 1 根新梢作主干，离地面 1.5~1.6 米时摘心。摘心口留 2 根副梢，形成二分叉，作为主蔓。每条主蔓再形成 2 条副主蔓。培养副主蔓用的新梢要控制加长生长，到 7~9 叶时摘心，并保留部分副梢及副梢叶片。冬季修剪时每条副主蔓保留 1 米左右长度修剪，副梢短剪以培养侧蔓和结果枝组。

第四章 葡萄品种选择

建设优质无公害葡萄园，适宜的年平均气温为 8～18℃，最暖月份的平均温度在 16.6℃以上，最冷月份的平均温度在 -1.1℃以上，无霜期 200 天以上；年降水量在 600 毫米以内为宜，年日照时数 ≥2 000 小时；适宜的海拔高度一般在 200～600 米。葡萄对土壤适应性强，除特潮湿或盐碱过重外，大部分土壤均可种植。一般要求葡萄种植园应选择地势平缓，不积涝，有灌溉条件的山、坡地，土层厚度在 50 厘米以上或改良不少于 50 厘米，土壤有机质含量 1% 以上，pH 值 6.0～7.5 的沙壤土和壤土为宜。

要根据当地气候特点、土壤特点，结合品种的类型、成熟期、品质、耐贮运性、抗逆性等制订品种规划方案；同时考虑市场、交通、消费和社会经济等综合因素，决定选用抗病、优质、丰产、果粒大而整齐、着色均匀、含糖高、抗逆性强、适应性广、商品性好的品种。

目前，烟台地区适宜栽培的鲜食葡萄优良品种有：黑巴拉多、夏黑、金手指、紫脆无核、红提、无核红宝石和克瑞森等。

一、黑巴拉多

日本甲府市的米山孝之用米山 3 号与红巴拉多杂交育成，2009 年 4 月进行品种登记，属欧亚种。我国山东省烟台地区 7 月底就可上市，比红巴拉多早熟 10 天左右，极早熟。果实紫黑色，果粒 8～10 克，平均穗重 450～530 克、肉质硬脆香甜，抗病丰产耐储运，性状优于红巴拉多，是目前露地和设施栽培比较理想的极早熟品种。

二、夏黑

夏黑葡萄发源于日本，巨峰和汤姆森杂交育成，早熟欧美品种。特点是早熟，我国山东省烟台地区 8 月初就可以上市，无核，高糖低酸，香味浓郁，肉质细脆，硬度中等，在欧美葡萄里算比较硬的。长势比巨峰强，需要控制它的生长，否则会对结果有些影响。抗病性中等，不及巨峰，不抗炭疽病、白粉病。综合性能还算过得去。果实是紫黑色到蓝黑色，颜色浓厚且果粉厚，容易着色，着色成熟一致。果皮厚而脆，基本无涩味。果肉硬脆，无肉囊，果汁紫红色。味浓甜，有浓郁草莓香味，无籽。它的一个比较大的缺点是果粒小，平均单粒质量不到 2 克，需要膨大剂处理（生产上先拉果穗，再无核，后膨大），多次处理后单粒质量可以达到 8 克，这个品种处理后不耐贮放，不适宜大面积栽培发展。

三、红巴拉多

别名：红巴拉蒂、红秀、早生红秀、红水晶。二倍体，亲本：巴拉蒂×京秀。果穗大，平均穗重 600 克，最大穗重 1 000 克。颗粒大小均匀，着生中等紧密，颗粒椭圆形，最大粒重可达 12 克。果皮鲜红色，皮厚肉脆，可以连皮一起食用，含糖量高，最高可达 23%，无香味，口感优秀。不易裂果，不掉粒。早果性、丰产性较好。比夏黑晚熟 10 天左右，为极早熟品种。但上色不理想，抗病性也一般。

四、紫脆无核

由我国河北省昌黎县的李绍星同志以牛奶和皇家秋天为父母本杂交育成。上色容易，果穗、果粒着色均匀一致，果皮厚度中等，果肉质地脆。平均单果重 5 克左右。在山东省烟台地区 5 月底开花，8 月中下旬成熟。主要优点是形状独特，上色好、耐储运。这个品种需要激素处理膨大果个，花芽分化不理想，有残核现象。

五、阳光玫瑰

也叫夏音玛斯卡特，欧美杂交种，黄绿色，穗重 500 ~ 1 000克，一般粒重 10 ~ 12 克，糖度 22 度以上；香甜，有奶香味，成熟期 8 月中下旬成熟，成熟后在树上能挂果 2—3 个月。抗病，易管理，被誉为近年来最有发展潜力的葡萄品种之一。

六、克瑞森无核

欧亚种，极晚熟品种。果穗平均重 500 克，果粒长椭圆形，果皮中厚，亮红，果霜较厚，果粒平均重 5 克，经赤霉素处理后可增大一倍。果肉硬脆，味浓甜，品质佳，极耐贮运。10 月中旬完熟。该品种树势极强，宜采用棚架栽培。在我国山东省烟台地区表现：枝条易旺长，并且抗寒性差，应注意多施有机肥时促进枝条成熟，架式宜采用棚架。

七、红提

又名大红球、晚红，欧亚种，美国杂交育成。1987 年沈阳农业大学从美国引入，现在我国北方大量种植，南方也搞避雨栽培。成熟期比巨峰晚 10 ~ 15 天左右。果穗很大，长圆锥形，平均穗重 800 克，大穗可达 2 000 克以上，果粒着生紧或过紧。果粒为圆形或椭圆形，平均粒重 12 克，最大粒重可达 22 克。果皮中厚，鲜红至暗紫红色，果肉硬脆，可削为片，味甜。可溶性固形物 16% ~ 19%，品质极佳。果刷长，与果粒着生极牢固。优点是树势生长旺盛，枝条粗壮。结果枝率超过新枝总数的 2/3，果枝双穗率超过 30%。果粒大小整齐，成熟一致。极丰产。缺点是抗病性差，喜干燥气候。在高温潮湿地区易患霜霉病、白腐病、炭疽病、黑痘病。冬季抗冻性也差，需下架埋土。

八、金手指

为欧美种，亲本不详，日本原田富杂交育成，我国从 1997 年开始引入。在本地 8 月底成熟，属中熟品种。果形奇特，果实硬、脆、爽口，糖度极高，充分成熟时可达 20 度以上，口感佳。缺点是花芽分化差，果穗小，产量偏低，不耐贮运，采摘后很快就会"变脸"。同时抗病性差，易染白腐病，抗风雨水能力差。

九、维多利亚

该品种由罗马尼亚德哥沙尼葡萄试验站杂交育成。亲本为乍那和保尔加尔，1996 年，河北葡萄研究所从罗马尼亚引入我国。果穗大，圆锥形或圆柱形，平均穗重 630 克，果穗稍长，果粒着生中等紧密，果粒大，长椭圆形，粒形美观，无裂果，平均果粒重 9.5 克，平均横径 2.31 厘米，纵径 3.20 厘米，最大果粒重 15.0 克；果皮绿黄色，果皮中等厚韧，果肉硬而脆，味甘甜爽口，品质佳，可溶性固形物含量 16.0%，含酸量 0.37%；果肉与种子易分离，每果粒含种子以 2 粒居多。植株生长势中等，结果枝率高，结实力强，每结果枝平均果穗数 1.3 个，副梢结实力较强。在山东省烟台地区 4 月 26 日萌芽，5 月 30 日始花，8 月上旬果实充分成熟。成熟后若不采收，在树上挂果期长。抗灰霉病能力强，抗霜霉病和白腐病能力中等。果实成熟后不易脱粒，较耐运输。该品种生长势中等，成熟早，宜适当密植，可采用篱架和小棚架栽培，中短梢修剪；该品种对肥水要求较高，施肥应以腐熟的有机肥为主，采收后及时施肥；栽培中要严格控制负载量，及时疏穗疏粒，促进果粒膨大。生长季要加强对霜霉病、白腐病害的综合防治。适宜在干旱或半干旱地区推广。

十、玫瑰香

欧亚种。原产英国。英国斯诺（Snow）于 1860 年用黑汉与白玫瑰杂交育成。现已遍布世界各国，在我国已有 100 多年的栽培历史，各地均有栽培。果穗中等大或大，圆锥形，平均重 450 克，长 18 厘米，宽 11 厘米；果粒着生疏散或中等紧密。果粒中小，平均重 4.5 克，纵径 23 毫米，横径 18.5 毫米，椭圆形或卵圆形；果皮黑紫色或紫红色，果粉较厚，果皮中等厚韧，易与果肉分离；果肉黄绿色，稍软，多汁，有浓郁的玫瑰香味。含糖量18%～20%，含酸量 0.5%～0.7%，出汁率 76%，果味香甜。树势中等。成花力极强，结果枝占总芽眼总数的 75%，平均每结果枝着生 1.5 个花穗，自结果母枝基部第一节起即可抽生结果枝，而第五至第十二节的结果枝结实率较高，果穗多着生于第四、第五节。副梢结实力强，一年内可连续结果两三次。玫瑰香适应性强，抗寒性强，根系较抗盐碱，抗病性较强，但易感染生理性病害水罐子病。在烟台地区 4 月中下旬萌芽，5 月下旬开花，8 月下旬至 9 月上旬果实成熟，中晚熟品种。玫瑰香为一世界性优良鲜食品种，在山东省烟台地区栽培历史较长，但长期以来因缺乏系统的良种繁育，品种退化较为严重，生产上应高度重视玫瑰香品种提纯复壮工作。栽培中要加强病虫防治和肥水管理，合理确定负栽量，采用综合技术，防止落花落果和水罐子病。篱棚架整形均可，中、短梢混合修剪。开花前要及时摘心、掐穗尖，促进果穗整齐、果粒大小一致，提高果实商品质量。

十一、巨峰

欧美杂交种。日本 1937 年进行杂交选育，亲本为大粒康拜尔和森田尼（Centenial），1945 年定名。四倍体品种。1959 年引入我国，目前，全国各省区都有栽培。果穗大，平均重450克，长23.5厘米，宽15厘米，圆锥形，果粒着生稍疏松。果粒大，平均重9.1克，最大粒重12克，圆形或椭圆形，果皮黑紫色，果粉厚；果皮中等厚，果肉软，黄绿色，有肉囊，味甜，有草莓香味，果皮与果肉、果肉与种子均易分离，果刷短，成熟后易落粒，果实含糖量16%，含酸量0.71%，每果粒含种子1～2粒。烟台地区在4月底萌芽，5月下旬开花，8月中旬果实开始着色，9月中旬果实完全成熟。从萌芽到成熟130～140天，中熟品种，8月中旬新梢开始成熟。该品种为早期育成的优良的四倍体大粒鲜食品种。树势强，抗病力较强，适应性强，全国各地几乎均能栽培。

巨峰是我国引进最早的欧美杂交种四倍体品种，生长势强，果穗大，果粒大，抗病性强，是当前我国栽培面积最大的鲜食葡萄品种，也是一个优良的鲜食品种。但长期以来，由于缺乏严格的良种繁育制度和科学的管理方法，品种退化现象较为普遍，生产上要重视巨峰品种的提纯复壮，栽培上要提倡合理负栽，加强综合管理，培养健壮稳定的树势，采用综合技术防止落花落果，提高果实质量，以充分发挥巨峰品种固有的良种特性。栽培时棚、篱架均可，中短梢混合修剪。防止落花落果是栽培成功的关键。

十二、藤稔

别名乒乓葡萄，欧美杂交种。原产日本。系日本用井川682与先锋杂交培育的四倍体品种。1986年引入我国，全国各地均有种植，以浙江金华种植最多。果穗较大，圆锥形，或短圆柱形，平均果穗重450克，果粒着生中等紧密。果实紫黑色，近圆形，果粒特大，平均粒重15～16克，果皮厚，果肉多汁，味酸甜，可溶性固形物含量15%～17%，含酸量0.6%～0.75%，稍有异味，每果有种子 1~2 粒。植株生长势较强，萌芽力强，但成枝力较弱，花芽容易形成，结果枝占新梢总数的 70%，平均每结果枝有 1.6 个花穗，较丰产。在北京地区 4 月上旬萌芽，5 月下旬开花，8 月下旬成熟，从萌芽到果实完全成熟需生长约 135 天左右，需活动积温 3 200℃。属中熟品种。适应性强，较抗病，但易感染黑痘病、灰霉病和霜霉病藤稔生长健壮，适宜棚架、篱架栽培，中短梢修剪结合，以中梢修剪为主。藤稔扦插生根率较低，而且自根苗根系较不发达，应采用适当的砧木进行嫁接繁殖，以增强树势。由于植株生长旺、果粒大，对肥的需求较高，栽培中要特别重视肥水的适时适量供应，以增强树势。为保证果粒大、品质好，应注意及时疏穗疏粒。结果期要注意对黑痘病、霜霉病和灰霉病的防治，实行套袋栽培。藤稔果实成熟后易落粒，要及时采收，尽快销售。

十三、美人指

欧亚种，原产日本，其亲本为龙尼坤和巴拉底 2 号。果穗中大，无副穗，一般穗重 450~500 克，最大 1 150 克；果粒大，细长型，平均粒重 10~12 克，最大 20 克，一次果最大粒纵径超过 6 厘米，横径达 2 厘米，果实纵横径之比达 3∶1。果实先端为鲜红色，润滑光亮，基部颜色稍淡，恰如染了红指甲油的美女手指，外观极奇特艳丽，故此得名。果实皮肉不易剥离，皮薄而韧，不易裂果；果肉紧脆呈半透明状，可切片，无香味，可溶性固形物达 16%~19%，含酸量极低，口感甜美爽脆，具有典型的欧亚种品系风味，品质极上，市场售价一般高于美国红地球 30%。在我国山东省烟台地区 8 月下旬开始着色，9 月中下旬成熟。在不影响第二年树势的前提下，可延后留树 20 天左右，含糖量还可增加。果实耐贮运，是继美国红地球后新近引入我国的晚熟葡萄新秀。

第五章 土、肥、水综合管理

葡萄对土壤的适应性较强，在沙砾土、沙土、黏土等各种类型的土壤中均能生长，对土壤酸碱度的适应幅度较大，一般在pH值6.0~7.5时生长表现较好。葡萄耐涝性差，故应避免在排水不良的涝洼地上栽植，一般要求地下水位能常年控制在1米以下。为葡萄生长创造良好的土壤环境，生产出优质葡萄果品，在建园时要对土壤进行改良，在葡萄生长过程中还需要进行耕作，以做好调节土壤疏松度、酸碱度等土壤管理工作。

第一节 土壤改良

建园时土壤改良一般分2步进行，第1步：进行土壤深翻，深度在50~80厘米，深翻的同时，可将切碎的秸秆或农家肥施入，压在土下。土壤黏性大、过于板结时，可掺入一定量的沙土；土壤含沙过多时，可运来客土掺入；盐碱地可灌水洗盐压碱，降低土壤含盐量。第2步：在葡萄苗栽植前的秋季，根据株行距挖栽植沟改良土壤，栽植沟的深宽均不小于80厘米，要求上下一般大，切忌上大下小成梯形。挖栽植沟时，把表土与底土分开放，挖好后，先在沟底撒一层10~15厘米厚的有机质（麦稻草、切碎的玉米秆、饼肥等（有机肥混合的肥土），最后填入底土，浇足一次水，使土壤下沉，以便于次年春定植苗木。对于地下水位较高且黏性较重的地块，不必挖栽植沟，可在土壤深翻后，撒一层有机肥在栽植行上，然后将两边的土堆到栽植行上，形成高约50厘米的高垄，实行高垄栽植。

第二节　建园后的土壤管理

一、行间管理

定植后1～2年可间种矮生作物，如大豆、花生和各种矮生蔬菜，当年收获；3年后葡萄园的行间一般以清耕为主，也可种植绿肥，但所种的绿肥不能与葡萄争肥、争光。

二、深翻改土

对于土壤贫瘠的葡萄园，要进行深翻改土。深翻改土分年进行，一般在3年内完成。在果实采收后结合秋施基肥完成深翻。在定植沟两侧，隔年轮换深翻扩沟，宽40～50厘米，深50厘米，结合施入有机肥（农家肥、秸秆等），深翻后充分灌水，达到改土目的。

三、中耕除草

根据杂草发生和土壤板结情况进行中耕，一般每年3～4次。

1. 除草的原则

葡萄园除草不是见草就除，而应是"适时除草、适时生草、视草为利、变草为宝、以草养园、提高果园生态效益"。

2. 适时除草和生草

适时除草：在新梢抽发期、展叶期、果实膨大期，需要大量水分和养分时应及时除草，以减少杂草跟树体争夺营养。若夏季雨水多，杂草生长快而旺盛时，也应施药除草，死草皮层能起到覆盖作用。

适时生草：夏季高温干旱时，不宜除草，而应让其生长，形成生物覆盖，以利于保墒和调节地温，以减轻日灼病的发生。

3. 葡萄园除草的方法

为确保葡萄园生产安全、保护生态环境，应提倡采用人工、物理方法、机械方法除草。上述除草方法的最大优点是：安全、保护环境；不利的是除草效率较低、除草成本较高。在规模果园除草，可科学合理地采用化学除草方法。

4. 科学化学除草

（1）正确选择化学除草剂。选择化学除草剂的标准：应是安全性好—不伤害作物、在土壤中无残留毒害；杀草谱广—除草效果好；杀草速度快—及时控制草害，改善作物生长环境；持效期长—控草期长。

（2）科学施用化学除草剂。目前，常用的两种灭生性除草剂克无踪和草甘膦，各有其优点和缺点。克无踪：触杀型、安全性好、杀草谱广、杀草作用快、但对多年生杂草效果差、不杀根，固土保肥。草甘膦：内吸传导型、安全性差、杀草谱广、杀草作用缓慢，对多年生杂草效果好，要杀根、水土流失。在果园使用这两种除草剂时可根据其优缺点，交替使用，可扬长避短，优势互补。从小果期至果实成熟期、果园杂草生长在 15 厘米时，使用克无踪 300 倍液快速杀灭杂草；在采果后喷施草甘膦，杀死多年生杂草。用药时间，高湿季节勿在中午喷药，应选择在 16 时后施药，这样既安全、除草效果又好。

（3）施用化学除草剂时务必注意事项。配药前一定要对所购除草剂的特性、使用方法有一个清楚、准确的了解，看除草剂品种是否适应果园要杀灭杂草的对象，看对果树、果品有无危害。配药时，一定要按规定浓度配制。喷药前，对喷雾器进行认真检查，看有无泄漏。勿用浑浊泥水配药，以免降低药效。特别需要提醒注意：在葡萄行间除草使用除草剂时，对葡萄植株一定要加以防护，防止药液喷到葡萄植株上。喷药结束后，一定要对喷雾器进行认真彻底的清洗，防止药液残留在今后施药时对植株造成伤害。

第三节　葡萄所需营养元素及其功能

一、葡萄肥料需求特点

葡萄植株从萌芽生枝到开花结果，每个生长阶段都需要大量营养物质，这些营养物质一方面主要依靠根系从土壤里吸收矿物质养分，另一方面依靠叶片的光合作用制造有机养分。为了保证葡萄植株的正常生长、结果和果实品质，必须每年向土壤中增施有机质肥料和化学肥料，以满足生长和结果的需要。因此，充分了解葡萄的需肥特点，合理、及时、充分的保障植株营养的供给，是保证葡萄生长健壮、优质、稳产的重要前提条件。

1. 葡萄是需肥量大的果树

葡萄生长旺盛，结果量大，因此，对土壤养分的需求也明显较多，研究表明，在一个生长季中，当每公顷葡萄园生产 20 吨葡萄时（约相当于每亩产 1 350 千克），每年从土壤中吸收的养分为氮 170 千克、磷 60 千克、钾 220 千克、镁 60 千克、硫 30 千克。

2. 葡萄是需钾、磷肥量大的树种

葡萄称之为钾质果树，在其生长发育过程中对钾的需求和吸收显著超过其他各种果树。在一般生产条件下，其对氮、磷、钾需求的比例 1∶0.5∶1.2，若为了提高产量和增进品质，对磷、钾肥的需求比例还会增大，生产上必须重视葡萄这一需肥特点，始终保持钾的充分供应。缺钾，会出现叶缘焦边。夏季，当新梢迅速生长期，新梢中下部老叶叶缘出现暗紫色病变，然后呈现茶褐色焦边，进而叶片皱缩卷曲或者全叶焦枯，并不容易脱落，这是较典型的缺钾现象。应该及时采用土壤沟条状施入硫酸钾，或进行叶面喷施0.3%草木灰浸出物澄清液，一般5天后可见效。磷能促进碳水化合物的运输和呼吸作用，是光合作用和花器官形成的重要元素，在促进碳水化合物运输、能量供给、淀粉转化为糖都起到关键作用。磷肥供给充足，则葡萄萌芽早、花序多而大，开花早，新梢健壮，容易成熟，果穗重、着色好、含糖量高。

3. 葡萄除需钾量大外，对钙、铁、锌、锰、硼等微量元素肥的需求也明显高于其他果树

在生产过程中要注意微量元素肥的补给。

适量的钙可促进碳水合物和蛋白质的形成、促进枝蔓顶端分生组织的生长和根系对氨态氮的正常吸收。葡萄缺钙时，幼叶脉间及叶缘褪绿，随后在近叶缘处出现针头大小的斑点，茎蔓先端顶枯；新根短粗而弯曲，尖端容易变褐枯死。补救措施：在施用有机肥料时，拌入适量过磷酸钙；生长期发现缺钙，及时用2%过磷酸钙浸出液叶面喷洒。

铁是葡萄生长过程不可缺少的元素，葡萄一旦缺铁时，枝梢叶片黄白，叶脉残留绿色，新叶生长缓慢，老叶仍保持绿色；严重缺铁时，叶片由上而下逐渐干枯脱落。果实色浅粒小，基部果实发育不良。补救措施是及时用0.1%~0.2%硫酸亚铁溶液叶面喷洒。

葡萄缺锌时，新梢节间缩短，叶片变小，叶柄洼变宽，叶片斑状失绿；有的发生果穗稀疏、大小粒不整齐和少籽的现象。补救办法：在开花前一周或发现缺锌时，用0.1%~0.2%硫酸锌溶液叶面喷洒。

葡萄缺镁时，老叶脉间缺绿，以后发展成为棕色枯斑，易早落。基部叶片的叶脉发紫，脉间呈黄白色，部分灰白色；中部叶脉绿色，脉间黄绿色。枝条上部叶片呈水渍状，后形成较大的坏死斑块，叶皱缩；枝条中部叶片脱落，枝条呈光秃状。补救措

施：发现缺镁，及时用0.1%硫酸镁溶液叶面喷洒。

葡萄缺硼时，新梢生长细瘦，节间变短，顶端易枯死；花序附近的叶片出现不规则淡黄色斑点，并逐渐扩展，重者脱落；幼龄叶片小，呈畸形，向下弯曲；葡萄花期缺硼不利花粉管生长，影响受精，从而大量落花落果，严重减产；果实生长过程中缺硼，会发生果面出现圆形水浸状坏死，发生缩果病。防治措施：在开花前叶面喷施0.3%～0.5%硼砂或者硼酸溶液，施基肥时加入适量硼砂或者硼酸，果实第一次膨大期再喷一次硼的叶面肥。

葡萄缺锰时，最初在主脉和侧脉间出现淡绿色至黄色，黄化面积扩大时，大部分叶片在主脉之间失绿，而侧脉之间仍保持绿色。补救措施是及时用0.1%～0.2%硫酸锰溶液叶面喷洒。

4. 葡萄在不同生长阶段，对各元素肥料需求侧重是不同的

一般在定植后的头年以氮素肥料为主，以满足枝蔓发育生长。在结果年份，一年之中，葡萄植株生长发育阶段不同，对不同营养元素的需求种类和数量有明显的不同，一般在萌芽至开花前需要大量的氮素营养，进入开花期要施足硼肥，以满足浆果发育需要；坐果后，为确保产量和品质、花芽分化，需要施足磷、钾、锌元素；果实成熟时需要钙素营养；采收后，还需要补充一定的氮素营养。

二、主要矿质元素的作用

1. 氮（N）

N是蛋白质、核酸、酶、维生素、磷脂和生物碱等生命物质的主要组成成分。氮素供应不足，葡萄植株无法正常生长。在适当的氮素条件下，葡萄萌芽整齐，授粉、受精、坐果良好，不仅保证当年丰产，而且果实品质好，还影响次年产量。如氮肥过多，则叶片薄大，新梢徒长，落花落果重，坐果率下降，枝条不

充实，果着色不良，成熟延迟，品质下降，酿酒则酒质不佳。在葡萄的施肥上：一是避免大量施用以氮肥为主的有机肥和化肥，造成肥料比例失调，出现氮肥过多的不良症状；二是避免氮肥相对不足，有时因为果实负载量太高，土质贫瘠或整形修剪不当，造成果实着色不良，新梢过早地停止生长。因此，使用氮肥的多少以及何时施用氮肥，一定要根据土地肥力和葡萄的树势状况。

2. 磷（P）

P 是核蛋白、磷脂、核酸的主要成分，主要存在于速长的部位，如花、种子等，葡萄植株所有器官都含磷元素。供应充足的磷，有利于葡萄开花、坐果。有人进行施磷肥试验，认为随土壤磷酸浓度的增加，坐果率提高，果穗增重；磷对葡萄花芽分化的作用比其他元素要明显。磷肥还可以促进吸收根的生长，增加根的数量，促进枝蔓成熟，增强抗病、抗旱和抗寒力等。

3. 钾（K）

葡萄为喜钾植物。钾对于光合最作用和糖的转运起主要作用。在浆果成熟期钾促进糖分大量进入果实。钾对葡萄的重要作用是促进浆果成熟，改善浆果品质，增加浆果的含糖量，促进浆果上色和芳香物质的形成，还能提高出酒率。施钾肥有利于根系发育，缺钾引起叶缘黄化、枯焦、果穗穗轴和果粒干枯等生理病害。

4. 锌（Zn）

Zn 参与叶绿素和生长素的合成。缺锌时新梢节间短，叶片小而且失绿，果穗上形成大量无粒小果，常常绿而且硬。小叶小果是缺锌的主要特征。

5. 硼（B）

B 属微量元素，硼影响酶的作用，能促进花的受精、坐果，能促进糖的转运，减少畸形果。缺硼，抑制花粉管发育，花蕾不能正常开放，严重时造成大量落花、落果。缺硼的新梢节间变短、易脆折，叶面凹凸不平，在果皮下的果肉中产生褐斑。

6. 钙（Ca）

Ca 是细胞壁和细胞间层的组成成分，还大量存在液泡中。钙缺乏时，影响细胞正常功能。在葡萄植株体内，钙主要在老熟器官中积累，但生长发育的组织需钙量也很大。它有利于根的发育和吸收作用，缺钙时有缺氮的症状。北方地区使用波尔多液，一般不缺钙。在我国南方酸性或偏酸性土壤上，施用石灰后可提高葡萄浆果品质和增加产量。

7. 铁（Fe）

Fe 是参与多种氧化还原酶的组成，参与细胞内的氧化还原作用。缺铁导致葡萄植株黄化，叶片失绿，但与缺镁失绿症不同，首先表现为顶端嫩叶发生全面黄化，仅叶脉保留绿色。铁在葡萄植株体内不能再重复利用，因此，黄化病首先在幼叶上表现症状，而老叶仍为绿色。严重缺铁时，新梢变为黄绿色甚至黄色。植株缺铁往往与土壤偏碱有关。

8. 镁（Mg）

Mg 是叶绿素的重要成分，和光合作用密切相关。镁在葡萄植株体内主要存在于活跃的幼嫩组织和器官中。缺镁时磷的代谢作用不良，新梢顶端呈水浸状，叶片失绿、黄化，只有叶脉呈绿色，坐果率和果粒重下降。

三、N、P、K 三元素的使用比例和施肥量

据研究，每生产 1 000 千克葡萄所需要的 N：5 ~ 10 千克，P_2O_5：2 ~ 4 千克，K_2O：5 ~ 10 千克。这只是参考，具体还要根据土壤本身的肥力而定。一般认为，每生产 1 吨葡萄所需要吸收的元素量：氮 8.5 千克、磷 3.0 千克、钾 11.0 千克、钙 8.4 千克、镁 3.0 千克、硫 1.5 千克及其他微量元素。

第四节　施肥技术

葡萄根系年生长高峰集中发生有两次，第一次是在春末夏初，从 5 月下旬到 7 月间，有大量新根发生，持续时间长；第二次是在秋季，发根量小于春季。因此施肥、灌溉应根据其根系活动规律科学安排。

一、基肥

基肥多在葡萄采收后、土壤封冻前施入，一般在 9 月下旬至 11 月上旬进行。基肥以迟效性的有机肥为主，常用的有圈肥、厩肥、堆肥、土杂肥等。有机肥的特点是含有效营养成分量较少，但成分全，施用量大，肥效期长，并有改良土壤的作用，施肥量约占全年 60%，以秋季施效果好。因秋季正值葡萄根系第二次生长高峰，伤根容易愈合，并发出新根及早恢复吸收养分的能力，从而增加树体内细胞液浓度，提高抗寒、抗旱能力，对第二年春季根系活动，花芽继续分化和生长提供有利条件。如果早春伤流后再施基肥，由于根系受伤，影响当年养分与水分的供应，造成发芽不整齐，花序小和新梢生长弱，影响树体恢复和发育，应尽量避免，如晚春施应浅施或撒施。

施肥前应先挖好施肥沟。一般沟宽 40~50 厘米，深 40~60 厘米，离植株 50~80 厘米（具体根据土壤条件和葡萄植株大小而灵活掌握）。沟挖好后，将基肥（堆肥、厩肥、河泥）中掺入部分速效性化肥如尿素、硫酸铵，可使根系迅速吸收利用，增强越冬能力。有时还在有机肥中混拌过磷酸钙、骨粉等，施肥后应立即浇水。实践证明：施基肥以每隔 2~3 年，采用隔行轮换的办法进行，集中施用有机肥，每亩可施绿源有机肥 800 千克左右。这样不仅工作方便，节约劳力，同时对根系更新、扩大吸收面积，改良土壤的理化性状，提高土壤保肥、保水能力均起到良好的作用。

二、追肥

追肥多用速效性肥料，根据葡萄生长发育各个阶段的特点和需要，进行适期施用。

1. 萌芽前追肥

这次追肥以速效性氮肥为主，配合少量磷、钾肥。例如，萌芽前 10 天左右，株施复合肥 50 克、尿素 50 克。随着葡萄进入伤流期，根系开始活动，萌芽前追肥对早春葡萄生长需要的营养补充至关重要，对促进新梢生长、增大花序有明显效果。如果基肥充足，植株负载量比较低，可以免施。

2. 幼果膨大期追肥

在谢花后 10 天左右，幼果膨大期追施，以氮肥为主，结合施磷、钾肥（可株施 45% 复合肥 100 克）。这次追肥不但能促进幼果膨大，而且对新梢及副梢的花芽分化都极为重要，是一次关键肥。这次施肥量约占全年肥量的 20%。其主要作用是，促进浆果迅速增大，减少小果率，促进花芽分化。同时，正值根系开始旺盛生长，新梢增长又快，葡萄植株要求大量养分供应。如果植株负载量不足，新梢旺长，则应控制速效性氮肥的施用。

3. 浆果成熟期追肥

在葡萄上浆期，以磷、钾肥为主，并施少量速效氮肥，主要施磷钾肥，根施、叶施均可，以叶面追施为主。对提高浆果糖分，改善果实品质和促进新梢成熟都有重要的作用。

4. 采后肥

以磷、钾肥为主，配合施适量氮肥，目的促进花芽发育、枝条成熟。采后肥可结合秋施基肥一起施用。

第五节 根外追肥

首先明确一点，根外追肥仅仅是土壤施肥的补充。它是葡萄缺肥时的一种应急措施，特别是补充铁、锌、硼等微量元素肥料。不能用根外追肥代替土壤施肥。

根外追肥应根据树体生长和结果需要结合喷药进行，一般每隔两周一次，生长前期以氮肥为主，后期以磷钾肥为主，每次追肥可补施葡萄生长发育所必需的多种微量元素。常用的肥料有尿素 0.3%、硼砂 0.3%、硫酸亚铁 0.3%、氨基酸钙或硫酸钙 0.3%、磷酸二氢钾 0.3%~0.5% 等；根外追肥宜在 10 时前或者 16 时后，避开高温时间，喷洒部位主要是叶片背面。最后一次根外追肥在距果实采收期 20 天以前进行。葡萄容易缺钙，特别是果实膨大期，果实膨大效果不理想，到后期果实上色期，果肉继续生长，果皮已基本停止生长，葡萄缺钙容易造成裂果，需在果实套袋后，每隔 15 天喷施 0.3% 果菜钙肥（硫酸钙）或稀土硅钙肥（氨基酸钙），可有效防治果实裂果。

第六节 沼肥的使用

沼肥是沼液和沼渣的统称，亦称为沼气发酵残余物。它是一种优质有机肥，它不仅营养成分全面、肥效高，而且有防治植物病虫害的作用，科学利用沼肥能够增加果品产量、改善果品品质。

沼液养分极其丰富，对作物缺素症，如小叶病有很好效果。沼液施用方便，作物吸收快，既有速效性，又兼具缓效性，研究证明，常施沼液，作物生长健壮、叶片厚度和果实重量显著增加，品质显著提高，可提高产量 15%~35%，堪称"肥中之王"。沼液杀菌效果好，试验证明，沼液中含有的天然抗生素对果树早期斑点落叶病、轮纹病、腐烂病、霉心病、褐斑病、白粉病；梨树黑星病；葡萄黑痘病、白腐病、灰霉病、霜霉病、炭疽病；樱桃叶面穿孔病、叶斑病、褐腐病、流胶病；果树蔬菜及大田苗期疫病、纹枯病等几乎所有真菌、细菌病害均有明显控制作用。沼液杀虫又杀卵，对蚜虫、红蜘蛛、白蜘蛛、地蛆、食心虫卵、菜青虫、甜菜夜蛾、棉铃虫等几乎所有害虫均有显著防效，常年使用沼液的作物能减少病虫害防治次数（最少3次以上）。试验将浓度为2%沼液5倍液与农药混用防治病虫害，提高农药防治效果在30%以上。且无污染、无残毒、无抗药性，被称为"生物农药"。施用沼液，既可完全取代化肥、中微量元素肥，又减少农药用量（50%以上）；既显著提高药效（增效30%以上），又减少病虫害防治次数（最少3次以上），极大的节省喷施用工和用药、用肥成本。

一、沼液的使用方法

沼液经过充分腐熟发酵，其中富含多种作物所需的营养物质（如氮、磷、钾），因而极适宜作根外施肥，其效果比化肥好，特别是葡萄进入花期、果实膨大期，喷施效果明显。沼液既可根部灌水冲施，也可与化肥、农药、植物生长调节剂等进行叶面喷施。经常使用沼液，可调节作物生长代谢，补充营养，促进生长平衡，增强光合作用能力。有促进花芽分化、保花保果、果实膨大快、成熟一致、提高商品果率等优点。此外沼液防治病虫害，无污染、无残毒、无抗药性，因而被称为"生物农药"。

1. 叶面喷施

取自正常产气2个月以上的沼气池里沼液，澄清、纱布过滤。从初花期开始，结合保花保果，7~10天喷施1次，采果后还可坚持3~4次，有利于花芽分化和增强树体抗寒力。喷施浓度，根据沼液浓度、施用作物季节及气温而定，总体原则是幼苗、嫩叶期1份沼液加1~2份清水；夏季高温，1份沼液加1份清水；气温较低，又是老叶（苗）时，可不加清水。使用量为每亩地用40千克。喷施时，以叶背面为主，以利吸收。喷施时间上午露水干后（约10时）进行，夏季傍晚为好，中午高温及暴雨前不要喷施。

2. 根部施肥

长期用沼液对葡萄根部施肥，可使葡萄的树势茂盛，叶色浓绿，生理落果降低，结出的果实味道纯正，产量比单纯施化肥要高。不同树龄采取不同的施肥方法，幼树施用沼肥要结合开沟施入基肥，施完沼液后要用土覆盖，并且每年向外扩展，以增加根系的吸收范围，充分发挥肥效。沼液用作追肥，要先对水，一般对水量为沼液的一半。沼液也可以作葡萄冲施性肥料，可以与其他冲施肥一起，顺垄浇灌或滴灌等。

3. 沼液的枝干施用

对果树枝干轮纹病、腐烂病、流胶病等病害用原液在刮皮处涂抹，效果优于福美砷，新鲜沼液效果最好。葡萄落叶后萌芽前用原液或将沼液与水按1：1配液喷干枝，如加少量杀虫杀菌剂，并可减少石硫合剂、波尔多液的使用。

二、沼渣的使用方法

沼渣是固体物质，富含腐殖酸、有机质、氮、磷、钾、微量元素、多种氨基酸、酶类和有益微生物等，是一种特效性和速效性兼备的有机肥料。

1. 沼渣作基肥

每亩施用量为2 000千克左右，条施或直接泼洒土壤表面，然后立即浅翻，以利沼肥入土，提高肥效。也可用沼渣肥与农家肥、田土、土杂肥按1：3混合进行深施做底肥，亩施用量为

2 000~3 000千克。

2. 沼渣作追肥

每亩用量1 000~1 500千克，可直接开沟挖穴浇灌在葡萄根部周围，并覆土以提高肥效。

三、沼肥使用的注意事项

①沼液忌不对水直接施用。如不对水直接追施幼苗，会使苗木出现灼伤现象。②不宜直接施于地表。沼肥不管做基肥还是追肥，沟施还是穴施，施后应立即覆土，以减少肥分损失，同时做到随用随取。③沼肥忌过量使用。使用沼渣的量不能太多，一般要比普通猪粪少，否则会导致葡萄徒长而减产。④忌与草木灰、石灰等碱性肥料混施。

第七节　灌　水

在众多果树中，葡萄比苹果、梨、桃等果树抗旱能力强。虽然抗旱强，但适时灌溉则可以保证优质高产。土壤含水量为60%~70%时，葡萄根系和新梢生长最好。持水量超过80%，则土壤通气不良，地温不易上升，对根系的吸收和生长不利。当土壤水分持水量降到35%以下时，则新梢停止生长。新梢旺长期适度干旱还有助于控制营养生长，促进花芽形成和葡萄品质提高。

葡萄园的灌溉要考虑到葡萄生长发育阶段的生理特性。

一、葡萄萌芽前是第一个关键时期

葡萄发芽，新梢将迅速生长，花序发育，根系也处在旺盛活动阶段，是葡萄需水的临界期之一。北方春季干旱，葡萄长期处于潮湿土壤覆盖下，出土后，不立即浇水，易受干风影响，造成萌芽不好，甚至枝条抽干。

二、开花前 10 天，也是一个关键浇水期

新梢和花序迅速生长，根系也开始大量发生新根，同化作用旺盛，蒸腾量逐渐增大，需水多。

三、开花期

一般则控制水分，因浇水会降低地温，同时土壤湿度过大，新梢生长过旺，对葡萄受精坐果不利。在透水性强的沙土地区，如天气干旱，在花期适当浇水有时能提高坐果率。

四、落花后约 10 天，是第三个关键时期

新梢迅速加粗生长，基部开始木质化，叶片迅速增大，新的花序原始体迅速形成，根系大量发生新侧根，根系在土壤中吸水达到最旺盛的程度，同时浆果第一个生长高峰来临，是关键的需肥需水时期。

五、浆果开始着色是第二个生长高峰时期

浆果生长极快，浆果内开始积累糖分。新梢加粗生长和开始木质化，花序迅速发育，这个时期供给适宜肥水，不但可以提高当年的产量与品质，还对下一年的产量起良好效果。

六、浆果成熟期

一般情况下在灌溉或水分保持较好的地区，土壤水分是够用的。如若降水量不足，土壤保水性差，或施肥大的情况下则需灌水。浆果成熟期土壤水分适当，果粒发育好，产量高，含糖量也高。如水分大，浆果也能成熟好，但含糖量降低，香味减少，易裂果，不耐贮运。

七、葡萄埋土防寒

若土壤干旱则不便埋土，需在埋土前少量浇水。北方冬春干旱的地区，冬季必须适时浇封冻水。

八、灌水抗旱

1. 灌水时期

第一次灌水要早，高温第 4 天即进行。如连续高温干旱，一般隔 4 天左右灌水抗旱。

2. 灌水抗旱程度

伏夏干旱以"吃饱"为度，一般土壤灌水上畦面就好。

3. 注意事项

伏夏干旱必须在晚上灌水抗旱。晚上灌水，清晨放水，决不能白天灌水抗旱，否则会造成轻则落叶，重则全株死亡。不能采取较长时期保持半沟水，任其渗透来满足葡萄对水分的大量需求，易造成高温霉根，既影响颗粒膨大，又会导致成熟时颗粒变软、果肉变味，降低果实品质。成熟采果期一般不宜灌水抗旱，否则影响果肉含糖量，果味变淡。另外，还需要注意灌水抗旱的水质，要选择清澈无味的洁净水，不要把一些污染河沟水用来抗旱，否则，非但没有发挥抗旱的应有作用，反而影响葡萄生长、果品质量，减少果农的经济收入。

第六章　葡萄花果管理技术

葡萄花果管理不仅涉及产量和经济效益，而且花果管理有其复杂性、特殊性，作业项目多。抹芽、定枝后，还得进行追肥、定穗、定果、副梢管理、病虫防治、激素处理、套袋等项作业，花果发育期正是葡萄对外界条件反应最为敏感的时期，时效性特强，还关系到葡萄树各器官的相互作用，葡萄花果发育期也正是我国北方大部分地区处于雨季，温高湿大，病虫猖獗危害时期。为此，在葡萄生产中，应突出重点，协调管理，尽力做到相辅相成，不顾此失彼。

第一节　提高葡萄坐果率

一、要有充足的营养

如年前基肥不足，应赶紧补肥追施氮肥或复台肥，花期喷0.3%硼砂；配合花前一周掐去花序尖 1/5~1/4（相当于新梢摘心）。浆果发育期要增施磷钾肥，不仅可提高葡萄对病虫的抗性，而且能改善浆果的品质。

二、控制新梢旺长

葡萄新梢生长势强时坐果低。可采取花前强摘心，花后再用副梢叶片补充有机营养。对于紧穗品种为降低其坐果率，可推迟主梢摘心期，使其果穗分散。副梢发生力强的品种，应少留副梢，必要时采取"跑单条加回缩"，利用冬芽副梢增加叶面积；

而副梢发生力弱的品种，应适当多留副梢叶片，如"单叶绝后法"。

三、合理负载

调查显示每平方米葡萄叶面积可负担浆果产量为1.0~2.45千克，平均为1.16千克。如按叶面积系数为2.5时，每亩可产葡萄1 934千克，所以，在加强管理，提质限产的前提下，保持亩产1 500~2 000千克还是可行的。

四、预防病虫害

重点是黑痘病、霜霉病、白腐病和叶蝉、短须螨等。另外注意天气预报，防止晚霜危害。

第二节　提高葡萄产品的商品性

一、疏穗

在葡萄开花前，根据花穗的数量和质量，疏去一部分多余的、发育不好的花穗，使养分集中供应给留下的优质花穗，以提高果实品质和坐果率。疏穗时，通常疏除花器发育不好、穗小、穗梗细的劣质花穗，留下花穗大、发育良好的花穗。为加强树体营养管理，防止负载量过大，品质降低，应在花序显现以后，每个枝蔓上一律保留单穗，一枝一穗，对再次发生的二次、三次果穗，应全部去除。

二、除副穗

花芽分化好的花序会有副穗，开花前一周花序开始伸展，即可将所有副穗摘除，减少同化养分的消耗，以利于主穗发育。

三、掐穗尖

掐穗尖要视花序的大小而定，如花序发育较小或不完全，可以不掐穗尖，如花序较大则应掐去穗尖。掐穗尖的时间在开花期或花前 1~2 天，不宜过早，过早会促使留下的花序支轴伸长，同时增加果穗整形和疏果的难度。掐除全穗的 1/6~1/5，掐除过多会影响穗形，造成坐果差，产量低。

四、疏果粒

疏果是控制稳定产量，提高葡萄品质的一项十分重要的技术措施，各种葡萄品种都应进行疏果。从疏果的技术要求来讲，应把握好以下几点。

1. 疏果的最佳时间要掌握好

葡萄疏果的时间应在生理落果以后、果粒坐稳后进行，此时果粒大小已分明。疏果，早疏有利于果粒的膨大，但过于早疏，生理落果未结束、果粒未坐稳，将可能影响预期的产量；过晚疏不利于果粒的膨大。在疏果最佳时间内，应抓紧时间疏，力争在 5~7 天内疏完。

2. 疏果的原则

①疏除发育不良的小果粒、畸形果粒、有果锈或伤疤的果粒、病粒及过密的果粒。②保持合理的留果量，这要根据预期的产量、品种特性和商品果要求标准来合理确定。③要确保果穗穗形的整齐和美观。

3. 不同品种对疏粒留果要求也不相同，应视品种而异

巨峰系品种商品果标准果穗重为 450~500 克，平均单粒重 10~15 克，每个果穗留果粒 40~50 粒，可溶性固形物 16% 以上。藤稔，视坐果情况疏果，一般果穗留 50 粒左右，疏后果粒距约 1 厘米左右。红地球：小果穗保留 50 粒左右，中果穗保留

60 粒左右，大果穗保留 80 粒，保证小穗重 500 克、中穗重 750 克、大穗重 1 000 克左右。对果穗坐果好、着粒紧密、果粒不太大的品种，例如无核白鸡心，有关专家建议，应采取疏除若干小穗轴和疏果相结合的方法，大中型果穗剪除中部 2~4 个小穗轴，使中部空；上部 3 个小穗轴疏去小穗轴下部半数果粒；疏去着粒过密的部位若干果粒，使疏后整个果穗呈松散状；在工序上先整穗型疏小穗轴，然后疏果粒，一步到位，一次性疏好。对果穗松散型品种，如里扎马特，在坐果后果粒大小分明时进行疏果，疏去着粒较密的若干果粒和小果粒即可。坐果特好的品种和着果紧密的葡萄园的疏果，如京秀等品种和生理落果前采用激素处理保果的葡萄园，应在坐果后果粒大小分明时必须进行重疏果，采取条疏和数粒疏果相结合的办法，纵向条疏间隔 2~5 毫米。有的品种需要连续疏果，如矢富萝莎、京玉、奥古斯特、里扎马特、秋红等品种随着果粒的膨大，陆续出现小果粒，应分次疏除，一般需疏 2~3 次。

4. 疏果时应用疏果剪剪去果粒，不宜用手指甲掐

剪子不要碰伤保留的果粒；手托果穗时一定要轻，尤其是皮薄的品种更要注意；在疏果时如发现病穗应先疏除；疏果结束后应及时用一次药。

五、果穗整形

如花序较好，通过除副穗、掐穗尖后所留下的穗轴上果粒偏多，则应除去基部过多的小穗轴以减少疏果粒的劳动强度。除去基部过多小穗抽有两个时期：一是花前掐穗尖的同时进行；二是坐果后疏果粒的同时进行。去除歧肩穗，保证穗形紧凑，穗长 10~15 厘米最好。把挂在枝条上的果穗，理顺使其自然下垂；掐除果穗尖端尚未拉长或很弱的穗尖，保证全穗 12~18 厘米，使整个果穗紧而不挤，松而不散，松紧适度。通过果穗整形使果

穗形成较整齐的圆形或圆锥形。

六、葡萄环剥

葡萄环剥是提高葡萄产量和进一步改善果实品质的有力措施。

1. 环剥的作用

环剥即环状剥皮，在葡萄枝蔓上用刀横向将树皮呈双环状切开，并剥掉完整的一圈皮，不要伤到木质部，环剥宽度一般为2～5毫米，从而阻断枝条的养分向下输送，增加环剥口以上同化养分和植物激素的积累，加强其上部各器官的营养，以达到促进坐果，增大果粒或提前成熟的效果。

2. 环剥的部位

一般说来，环剥可在新梢，结果母枝，主蔓或主干上进行。在结果母枝上环剥，因新梢嫩脆而易折断。在多年生主蔓或短枝上环剥，因为表面不整齐，粗皮等也较难进行，且伤口不易愈合。因此在生产中应用较多的为主干及结果母枝环剥。

3. 环剥的目的和时期

（1）促进坐果。多数情况下，葡萄开花后花序中未受精的花朵很快脱落。在环剥加强营养刺激的情况下，可促进未受精花朵坐果，减少落果，从而提高产量。因此，环剥应在开花期进行。

（2）增大果粒。主要在无核品种上应用，对有核品种环剥效果不显著。环剥时期，应在落果终止后立即进行。此时正值果皮细胞迅速分裂，果实生长迅速之时 。推迟环剥，则增大颗粒的效果较差。当产量高于正常时，环剥增大果粒的效果不明显。应用环剥时一般配合疏果，否则坐果过多，果实品质下降。

（3）提前成熟。环剥可促进有核品种果实着色，加速成熟。早期环剥不仅加速成熟，增大果实，增加含糖量及耐运性等，同时还会减少落花落果现象。

4. 注意事项

（1）影响环剥效果的重要因素。除了环剥时期外，环剥适合于产量中等或偏低的葡萄园进行。生长较弱的植株或结果母枝不宜采用环剥。为了防止削弱树势，环剥可隔年进行或将葡萄园的植株分成两半，每年交替进行。

（2）主干环剥用双刃刀，结果母枝环剥用环剥器或环剥钳。环剥一定要完全，树皮要剥完整一圈，勿残留一部分，否则环剥效果降低。另外，注意不要伤到木质部，否则外层输导组织受伤后，伤口以上将缺乏水分而影响生长和结果。

（3）环剥的宽度掌握。在3～5毫米，环剥伤口在未愈合前对树势有削弱作用，要使环剥伤口短时期内尽快愈合，否则可能导致植株死亡。早期环剥，宽度不超过5毫米者，通常在3～6周内可愈合。结果母枝上伤口愈合不好的影响较小，但也会削弱树势。为保险起见，可在结果母枝顶端一个新梢的下方进行环剥。

（4）应用环剥时。需要加强肥水管理，搞好疏果，控制产量，避免削弱树势。

七、葡萄套袋

葡萄套袋可以明显改善果实品质，保护果实不受病虫害，减少农药残留，改善果实外观，提高果品档次，增加经济收入，增强市场竞争力，是当前生产高品质、无公害葡萄的有效措施。葡萄套袋技术应大力提倡和推广，在具体实施时应把握好以下几个问题。

1. 纸袋的选择

葡萄套袋应选择合格的葡萄专用套袋。检查套袋质量的方法，将葡萄套袋放在水中浸湿用手来回搓，看袋有无破损和变软现象，破损和纸袋明显变软的说明袋的纸张质量较差，另外可对着阳光看纸张的透光度是否均匀，透光度不均匀的，也说明纸袋质量不够好。目前，有些葡萄种植户为节省成本，采用自制报纸袋、使用过的二次果袋来套袋，这不仅影响葡萄的安全质量，而且易产生病害的传染，故不宜提倡。因为，用报纸制成的袋子，对葡萄会产生铅污染；使用的二次果袋消毒不严会传染病菌；有的使用塑料袋套袋易产生气灼病。

2. 套袋时间的选择

葡萄套袋最佳时机是在葡萄生理落果后、果粒长到黄豆粒大小时，整穗及疏粒结束后立即开始。每天套袋时间以晴天上午9时至11时和14时至18时为宜。

3. 套袋前的管理

套袋在整穗、疏穗、浸膨大剂、用好保护性药剂的基础上进行。疏除果穗上的病、残、畸形果以及过小的果粒。需要使用膨大剂或赤霉素的品种应在套袋前进行处理。在此基础上全园喷一次内吸性杀菌药，喷药后抓紧套袋。此次喷药一定要喷遍、喷均匀，特别对果穗，切忌漏喷。

4. 套袋操作方法

套袋前将果袋浸入水中返潮，使之柔软；选定幼穗后，将果袋吹开膨起，小心地除去果穗上的杂物，沿着穗袋口向上套入果穗，使果柄置于袋的开口基部，然后从袋口两侧依次按折叠扇方式折叠袋口，扎紧袋口，并使果袋撑开，使幼穗处于袋体中央悬空，防止袋体摩擦果粒。

5. 套袋后的管理

套袋后，要加强果园的肥水管理和叶片保护，以维持健壮的树势，以满足果实生长需要。套袋后的病虫害防治，应在生长期内喷洒具有保叶保果作用的杀菌剂，防止病菌随雨水进入袋内为害果穗。肥水管理，要重施农家肥，少施化肥；控制氮肥，重施磷、钾肥；要合理负载。在果实膨大期要满足套袋果实对水分的需要和防止日灼病的发生。要搞好夏剪，留足新稍和叶片后，剪去多余的枝条和叶片，以利通风透光，保护好新梢和叶片。

6. 去袋时期与方法

葡萄套袋后可以带袋采收，也可以在采收前 10 天左右去袋，红色品质可在采收前 10 天左右去袋，以增加果实受光，促进果实着色良好。葡萄去袋时，不要将袋一次性摘除，应先把袋底打开，让果袋套在果穗上部，以防鸟害及日灼，去袋时间宜在晴天的 10 时以前或 16 时以后进行，阴天可全天进行。

7. 摘袋后的管理

葡萄去袋后一般不必再喷药，但须密切观察果实着色进展情况，去袋后可剪除果穗附近的部分已老化的叶片和架面上的过密枝蔓，以改善架面的通风透光条件，减少病虫为害，促进果实着色，但需注意摘叶不可过多、过早，值得指出的是摘叶不要与去袋同时进行，而应分期分批进行，以防止发生日灼。

第七章　整形修剪技术

葡萄整形修剪的目的是为了尽早而又合理地将枝条分布于架面，充分利用空间，使植株生长健壮，达到提高结实能力，早产丰产，实现稳产优质。

第一节　整　形

葡萄的架式，在过去较长一段时期内，一直沿用篱壁形架式。传统的篱架葡萄整形方式多采用扇形。

单壁扇形整形。此种扇形适宜在行距 1.5~2 米，株距 0.8~1 米，架高 1.8~2 米，拉四道铅丝的篱架上采用。一般靠近地面培养 4 个主蔓，不留侧蔓，在每个主蔓上直接培养 3~4 个结果枝组。主蔓分向两边，按一定角度规则地呈扇形引缚到铁丝上，其高度严格控制在第三道铁丝以下。结果母枝以中梢修剪为主，并留预备枝，每年冬季修剪按照规则扇形的整形要求进行修剪，并注意保持主蔓前后长势均衡。这种树形的优点是主蔓柔韧性好，便于下架埋土，适合于冬季防寒地区，枝蔓在架面上分布规则，通风透光良好，产品质量高，主蔓更新相对容易，产量容易调节，容易早产、丰产，整形修剪技术容易掌握，比较省工。但如处理不当，极易加速结果部位的外移，造成架面郁闭，直接影响架面的光照和浆果品质。

根据近年来烟台地区鲜食葡萄大面积生产需要，我们借鉴国内外葡萄栽培技术，结合当地气候（冬季勿需埋土防寒）特点，经过多年来在篱架葡萄上的试验示范，改进发展了原有的树形，完善了"单干双臂式"树形。这种树形的特点是，每株葡萄只保留1个直立粗壮的主干，高约60厘米，用以支撑葡萄枝蔓，输导葡萄营养。每株葡萄在距地面60厘米以上，有一个长度1.0～1.2米、厚度20～30厘米的长方形垂直叶幕，用以生产优质葡萄。在每株葡萄叶幕基部20～30厘米处，集中着生果穗，形成一个集中而又紧凑的果穗区，既便于管理，也易于采收，还利于保证葡萄质量。试验结果表明，采用这种树形的葡萄含糖量，高于其他架形1.0%～3.7%，这对提高葡萄的质量有着重要的作用。

一、整形目标

整形目标为单干双臂形，即主蔓呈单轴延伸，在主蔓上直接着生结果母枝。主蔓的延长和结果母枝的选留是整形的基本任务。

二、主蔓选留密度

主蔓选留密度是单干双臂整形的基础。株行距2米×1米时，一般主蔓距离确定为0.5米，双臂架每株选留主蔓2个，每亩选留主蔓666个左右。

三、整形过程

此种树形的篱架，由3道铁丝组成：第1道距地面60厘米，第2道距地面95～100厘米，第3道距地面135～145厘米。双臂固定在第1道铁丝上，新梢绑缚在第2、第3道铁丝上。

一般当年培养一个直立粗壮的枝梢，冬剪时留60～70厘米，第二年春选留下部生长强壮的、向两侧延伸的2个新梢作为臂枝，水平引缚，下部其余的枝蔓均除掉。冬季修剪时，臂枝留8～10个芽剪截，而对臂枝上每个节上抽生的新梢进行短梢修截，作为来年结果母枝。以后各年均以水平臂上的母枝为单位进行修剪或更新修剪。

在采用副梢整形状况下，管理得当一年即可完成树形培养。幼苗定植后，新梢长达 30 厘米左右时，选一个强壮新梢，设立支柱进行引缚，使其直立生长。当新梢长达 60 厘米左右时，绑缚到第 1 道铁丝上，同时进行摘心，使形成一个直立粗壮的单干。随着新梢的伸长，再在顶端选留 3 个强壮的副梢，将其中 2 个沿第 1 道铁丝向两边引缚，另一个副梢在两臂形成前不要抹去，留作预备枝。当两个水平副梢长达 50 厘米左右时，进行摘心，使形成双臂，至夏末秋初，当双臂的新梢长达 50 厘米左右时，绑缚到第 2 道铁丝上，任其自然生长，直至落叶。以后每年冬剪时，只需修剪双臂上的结果母枝即可。一般每臂留 4~5 个结果母枝。每年对结果母枝进行短梢修剪，其余副梢自然下垂即可。

第二节　修剪技术

一、夏剪

夏剪是葡萄整形修剪的重要内容。传统的夏剪技术措施中，对新梢的处理方法，一是要及时绑梢，每个新梢都要在适当的时候绑缚于架面上，这样做造成了架面叶幕结构的平面化，使光能利用率低，通风透光条件差，病虫防治费力、费药、效果差；二是对摘心后发出的副梢，要留 1 至数个，并进行反复摘心，不仅费工，处理不当极易造成架面郁闭。对新梢进行绑梢和留副梢反复摘心的做法，有利于助长先端优势，在这种技术管理条件下，冬芽的发育情况是新梢基部和先端的芽质量差，中部的芽质量最好。这种技术管理情况下，如果实行单干双臂整形、短梢修剪，就会把新梢中部的好芽全部剪掉，使来年的产量受到影响。因此，必须对夏剪技术进行改革。

夏剪改革后的主要任务，一是提高新梢基部冬芽的质量，实现丰产稳产，二是通过改善架面通风透光条件，提高果实品质。

1. 抹芽定梢

抹芽应尽早进行，以充分利用树体贮藏营养。第一次抹芽在萌发后及时进行，凡双芽、多芽的抹多留一，选择健壮的、位置好的，而将无用的芽除掉。第二次抹芽在能见芽序时进行，此次抹芽也是第一次定梢，因每个结果母枝冬剪只留 2~3 芽，所以每个结果母枝就留 2~3 个梢。第三次抹芽即最后定梢，原则是以产定梢、根据产量要求、不同品种的单穗重、平均每梢结果穗数，最后决定留梢量，一般每结果母枝定 2 个结果梢。

结果母枝的多少与葡萄产量、品质等有着直接的关系，生产上通常是以产定枝。以赤霞珠葡萄为例，每亩葡萄 333 株，主蔓666 个，每结果母枝留 2 个结果梢，每梢平均留 2 穗果，单穗平均重 0.17 千克，计划亩产 1 500 千克时，加上 30% 的保险系数，每株葡萄需培养 10 个结果母枝，间距约为 10 厘米。

2. 弓形绑梢

垂直绑缚的枝条顶端优势强，生长旺盛，容易徒长，不利于基部形成花芽和开花坐果。主蔓延长梢按整形规则平缚，绑到架面上，绑梢时要避免新梢于铁丝接触。其他新梢，包括结果梢一般情况不绑，但必须及时摘心和处理副梢，生长势较强时可行弓形绑梢，即将梢头压低，使新梢形成弓形，让果穗处于较高的弓背部位，这样有利于减缓生长势，提高基部芽的质量和浆果品质。这样做不仅省工，而且新梢、果穗自然下垂，使叶幕开张，通风透光，果穗悬垂、病虫害减轻。

3. 摘心

摘心是夏剪的主要内容。主梢延长梢可一次摘心，也可分段摘心。一次摘心就是达到摘心高度时，一次完成摘心任务。分段摘心就是未达到摘心高度时先进行第一次摘心，摘心后在先端选留一个副梢继续延长生长，当延长副梢生长达到摘心高度时，进行第二次摘心，完成摘心任务。分段摘心有利于提高中下部芽的质量，对酿酒葡萄幼龄树主梢延长梢实行分段摘心，有利于幼树优质丰产。结果梢摘心要掌握好两点：一是摘心时间，掌握在花前一周，此时够长度的摘，不够长度的也要摘；二是摘心部位，掌握在花序以上留 5～9 片叶。架面中上部强旺梢留 6～9 片叶摘心，中下部中庸梢、弱梢留 5～6 片叶摘心。强旺梢留二穗果，弱梢留一穗果。

4. 副梢处理

新梢摘心后，对萌发的副梢要及时进行处理，处理不当会造成架面郁闭，影响通风透光，同时影响主梢的正常生长和冬芽的质量，给冬剪带来麻烦，影响短梢修剪技术的实施。

副梢处理方法是：主梢延长梢有延长任务的，主梢摘心后顶端留一个副梢延长生长，其余副梢全部抹去，此副梢留 4～6 片叶进行摘心，其上发出的二次副梢只留先端 1～2 个，留 2～3 片反复摘心，到 8 月下旬就不再留副梢了，有副梢就要及时抹去。结果梢上的副梢处理，采取憋冬芽法，即摘心后所有副梢全抹。由于重力作用，使新梢梢头适当下垂，新梢上的先端优势就不再明显，由于副梢全被抹去，结果梢先端可能会萌发出 1～2 个冬芽，而基部冬芽不仅不会萌发，而且更加充实饱满，这种方法有利于提高结果梢基部冬芽质量。在结果梢不绑梢的前提下，这种副梢处理方法是完善单干双臂整形、短梢修剪的技术关键。

二、冬剪

冬剪在葡萄落叶后伤流前进行，过早过晚皆不科学。烟台葡萄冬剪的最适时间为 2 月中旬至 3 月上旬，贮藏的营养由当年枝蔓向老蔓和根部转移，而春季伤流前 1—2 周，贮藏营养开始向还枝蔓转移。冬剪的主要目的是完成整形任务、保持固有树形、实现枝蔓不断更新、剪除病虫残枝，最终实现调节生长与结果的良好关系。

1. 剪留长度和粗度

整形过程中主蔓延长枝剪留 50 厘米，其他枝及完成整形后的所有枝一律剪留 2 ~ 3 芽。进行大更新时则应根据更新要求合理剪留。剪口粗度应达到 0.7 厘米以上。

2. 结果母枝的选留

结果母枝的多少与葡萄产量、品质等有着直接的关系，生产上通常是以产定枝。以赤霞珠葡萄为例，每亩葡萄 333 株，主蔓 666 个，每结果母枝留 2 个结果梢，每梢平均留 1.5 穗果，单穗重 0.17 千克，计划亩产 1 500 千克时，需培养 10 个结果母枝，间距约为 10 厘米。

3. 结果母枝的更新

结果母枝更新的主要作用是防止或减缓结果部位外移。通常有下列 3 种方法。

（1）留预备梢法。每个结果母枝新梢发出后选留 2 个，先端的做为结果梢，靠近主蔓的做为预备梢不留果，冬剪时疏除结果梢，预备梢留 2 ~ 3 个芽短剪做为下年的结果母枝，年年如此。

（2）不留预备梢法。每个结果母枝新梢发出后只留一个结果梢，冬剪时仍留 2 ~ 3 芽短剪，年年如此。

（3）结果梢变位法。采用结果梢变位更新时，应适当多留结果母枝，也即缩小结果母枝间距，一般间距为 10 厘米，每株葡萄主蔓上留结果母枝 10 个，比正常修剪多留了 3 个母枝。生长期每结果母枝选留一个新梢，共留 10 个新梢，其中选 7 个较好的做结果梢，选 3 个较差的做为预备梢。冬剪时 10 个新梢全部留 2~3 芽短剪。以后每年都从 10 个母枝中，以不固定位置选留 7 个结果梢，3 个预备梢，使结果梢年年变位，既保证了结果量，又达到了年年更新的目的。

第八章 病虫害防治技术

葡萄园病害防治要坚持预防为主，综合防治的方针，以农业和生物防治为重点，辅助以化学防治，并应选用高效低残留农药，不可盲目施药。化学防治就是以保护性杀菌剂为主，保护预防为基础，结合和配合使用内吸性杀菌剂，治疗杀灭相结合。葡萄病害可分为侵染性病害和非侵染性病害。

第一节 侵染性病害

葡萄侵染性病害是由真菌、细菌、病毒、线虫病等原生物的侵染而引起的，并在适当的条件下传播（气流传播、水传播、昆虫传播以及人为传播）开来，能相互传染，所以，往往能看到从中心病株或中心发病部位向周围由少到多，使病害不断扩展从点到面扩大蔓延为害过程。

一、葡萄灰霉病

病源：子囊壳在感染灰霉病的死葡萄组织或其他寄主病死组织内越冬，在棚内遇水产生分生孢子开始侵染。

时间：初花至花后 1 周及果实成熟期。

症状：花穗受害初期似被热水烫状，呈暗褐色，病组织软腐，表面密生灰色霉层，被害花穗萎蔫，幼果极易脱落；果梗感病后呈黑褐色，有时病斑上产生黑色块状的菌核；果实在近成熟期感病，先产生淡褐色凹陷病斑，很快蔓延全果，使果实腐烂；发病严重时新梢叶片也能感病，产生不规则的褐色病斑，病斑有时出现不规则轮纹。通风不良，湿度大，昼夜温差大，偏施氮肥，葡萄易发病。果实着色至成熟期，如浇水过大，引起裂果，病菌从伤口侵入，导致果粒大量腐烂。此外，管理措施不当，如枝蔓过多，氮肥过多或缺乏，管理粗放等，都可引起灰霉病的发生。

为害特点：受害部位主要是花穗的梗、轴及小花果。花穗褐变、穗轴梗烂枯脱落及成熟期果实腐烂等。

流行及发病特点：①气传病害，寄主很多；②低温高湿，13~20℃发病快；③弱寄生性；④高湿天气易发生。防治方法：花前、花后、是防治灰霉病的关键点。注意放风降湿。花前、花后喷药2~3次。

保护剂：50％扑海因（异菌脲）可湿性粉剂1 000~1 500倍液，78％科博（波尔多液＋代森锰锌）可湿性粉剂600倍液。

治疗剂：50％农利灵（乙烯菌核利）可湿性粉剂1 000~1 500倍液、40％施佳乐（嘧霉胺）悬浮剂600~1 000倍液、65％甲霉灵（硫菌·霉威）可湿性粉剂1 000倍液，50％速克灵（腐霉利）可湿性粉剂1 000~2 000倍液、70％甲基托布津（甲基硫菌灵）可湿性粉剂1 000倍液。

二、葡萄穗轴褐枯病

病源：病菌以分生孢子在枝蔓表皮或幼芽鳞片内越冬，幼芽萌动至开花期分生孢子侵入，形成病斑后，病部又产出分生孢子，借风和水传播，进行再侵染。

时间：开花前至生理落果后期。

症状：主要为害葡萄幼嫩的穗轴，包括主穗轴或分枝穗轴。也可为害幼果和叶片。发病初期，在幼穗各级穗轴上产生褐色、水渍状的小斑点，迅速向四周扩展成为褐色条状凹陷坏死斑。病斑进一步扩展，可环绕穗轴使整个穗轴变褐枯死，不久即失水干枯，果粒也随之萎缩脱落湿度大时，在病部表面产生黑色霉状物即分生孢子梗及分生孢子。幼果受害，形成圆形深褐色至黑色斑点直径约为 2 毫米病斑，仅限于果粒表皮，不深入果肉组织。随着果粒膨大病斑变成疮痂状，当果粒长到中等大小时病痂脱落。叶片上也可产生病斑。

流行及发病特点：花期低温高湿，幼嫩组织（穗轴）持续时间长，木质化缓慢，植株瘦弱，病菌扩展蔓延快。巨峰品种发病严重。

防治方法：花前、花后、是防治穗轴褐枯病的关键点。注意放风降湿。花前、花后喷药 2 次。

保护剂：杜邦易保 1 000 倍液，78% 科博（波尔多液 + 代森锰锌）可湿性粉剂 600 倍液。喷洒比久 500 倍液，可加强穗轴木质化、减少落果，起到抗病防病的作用。

治疗剂：葡萄幼芽萌动前喷波美 3 ~ 5 度石硫合剂喷 50% 或70% 甲基托布津可湿性粉剂 1 000 倍液或 50% 扑海因可湿性粉剂1 000 倍液或 80% 大生 M ~ 45 可湿性粉剂 800 倍液，喷 2 ~ 3 次，均有良好的防治效果。

三、葡萄黑痘病

病源：以菌丝体在病组织越冬，设施内升温后形成分生孢子器。温度在 2℃ 以上时，分生孢子器即产生分生孢子。

症状：黑痘病主要为害葡萄的绿色幼嫩部分，如果实、果梗、叶片、叶柄、新梢和卷须等。叶片：开始出现针头大红褐色至黑褐色斑点，周围有黄色晕圈。后病斑扩大呈圆形或不规则形，中央灰白色，稍凹陷，边缘暗褐色或紫色，直径 1 ~ 4 毫米。干燥时病斑自中央破裂穿孔，但病斑周缘仍保持紫褐色的晕圈。叶脉：病斑呈梭形，凹陷，灰色或灰褐色，连边缘暗褐色。叶脉被害后，由于组织干枯，常使叶片扭曲，皱缩。穗轴：发病使全穗或部分小穗发育不良，甚至枯死。果梗患葡萄黑痘病使果实干枯脱落或僵化。果实：绿果被害，初为圆形深褐色小斑点，后扩大，直径可达 2~5 毫米，中央凹陷，呈灰白色，外部仍为深褐色，而周缘紫褐色似"鸟眼"状。多个病斑可连接成大斑，后期病斑硬化或龟裂。病果小而酸，失去食用价值。染病较晚的果粒，仍能长大，病斑凹陷不明显，但果味较酸。病斑限于果皮，不深入果肉。空气潮湿时，病斑上出现乳白色的黏质物，此为病菌的分生孢子团。新梢、蔓、叶柄或卷须：发病时，初现圆形或不规则小斑点，以后呈灰黑色，边缘深褐色或紫色，中部凹陷开裂。新梢未木质化以前最易感染，发病严重时，病梢生长停滞，萎缩，甚至枯死。叶柄染病症状与新梢上相似。

发病时间：展叶及新梢生长初期，嫩花穗、幼果，几乎全年发生。

为害特点：一切幼嫩组织，如叶、枝、须、花、果等，老熟后不感染本病。

流行特点：棚室内高温高湿，依靠风和灌水传布，2 毫升以上的灌溉水就可传播。分生孢子侵入需要自由水存在 12 小时以上。幼枝叶生长期及幼果生长为防治关键。

防治方法：冬季加强清园工作。萌芽期芽眼松动未见绿时，全园细致喷施 3~5 波美度石硫合剂。展叶至 5~6 叶、花前、终花期至幼果期、秋梢发生为重点防治期。

保护剂：78% 科博（波尔多液 + 代森锰锌）可湿性粉剂 600 倍液，80% 喷克（代森锰锌）可湿性粉剂 600~800 倍液、33.5% 必绿（喹啉铜）1 000 倍液。

治疗剂：5% 霉能灵（亚胺唑）600~800 倍液，40% 福星（氟硅唑）乳剂 8 000 倍液；10% 世高（恶醚唑）水分散粒剂 1 500~2 000 倍液，12.5% 速保利（烯唑醇）可湿性粉剂 3 000~4 000 倍液。

四、葡萄霜霉病

菌源：霜霉病菌属鞭毛菌亚门，葡萄单轴霜霉，是一种专性寄生真菌。病菌在秋末在病部细胞间隙处产生。主要为去年土壤中的病叶、病果。

发病时间：一般在春夏之交及秋季低温高湿时发病。

症状：葡萄霜霉病主要为害叶片，也能为害新梢、卷须、叶柄、花穗、果柄和幼果。叶片受害，在叶面上产生边缘不清晰的水渍状淡黄色小斑，随后渐变淡绿至黄褐色多角形病斑块。天气潮湿时，于病斑背面产生白色霜霉状物，即病菌的孢囊梗和孢子囊。发病严重时，病叶枯焦，早期脱落。嫩梢受害，初生水渍状、略凹陷的褐色病斑，天气潮湿，病斑上产生稀疏的霜霉状物，后期病组织干缩，新梢生长停止，弯曲枯死。卷须、叶柄、幼花穗有时也能被害，其症状与新梢相似，于病部产生霜霉；如若早期侵染，则最后变褐、干枯及脱落。幼果受害，病部褐色，变硬下陷，上生白色霜状霉层，软腐，但在果粒表面很少产生霜霉，萎蔫后脱落。果实着色后不再被侵染。

流行条件：低温高湿是主要的气候流行条件，园枝条过密，肥水条件较好，长势过旺的园子易发。

防治方法：施药部位主要为叶片，重点为叶子背面，正确选择药剂，特别是铜制剂。

保护剂：杜邦易保 1 000 倍液，78% 科博（波尔多液 + 代森锰锌）可湿性粉剂 600 倍液，80% 必备（波尔多液）400 倍液，70% 丙森锌（安泰生）可湿性粉剂 500 ~ 700 倍液。

治疗剂：50% 安克（烯酰吗啉）可湿性粉剂 2 500 ~ 3 000 倍液、霉多克 1 000 ~ 1 500 倍液。58% 甲霜灵锰锌（甲霜灵 + 代森锰锌）500 ~ 800 倍液、25% 甲霜灵 500 ~ 700 倍液、72% 克露（霜脲氰十代森锰锌）800 倍液、64% 杀毒矾（恶霉灵 + 代森锰锌）600～800 倍液。

五、葡萄白腐病

病源：来自于土壤。

发病时间：幼果期后及果实成熟期发病。

症状：主要侵害果实和穗轴，也能侵害枝蔓及叶片。果穗感病，接近地面的果穗尖端，其穗轴和小果梗最易感病。初发病，产生水浸状、淡褐色、不规则的病斑，呈腐烂状，发病1周后，果面密生一层灰白色的小粒点，病部渐渐失水干缩并向果粒蔓延，果蒂部分先变为淡褐色，后逐渐扩大呈软腐状，以后全粒变褐腐烂，但果粒形状不变，穗轴及果梗常干枯缢缩，严重时引起全穗腐烂；挂在树上的病果逐渐皱缩、干枯成为有明显棱角的僵果。果实在上浆前发病，病果糖分很低，易失水干枯，深褐色的僵果往往挂在树上长久不落，易与房枯病相混淆；上浆后感病，病果不易干枯，受震动时，果粒甚至全穗极易脱落枝蔓发病一般在有损伤的地方，如扎心部位或新梢和铁丝磨擦之处等。蔓上病斑初呈淡红褐色水渍状，以后色泽逐渐变深，表面密生略突起的灰白色小粒点。新梢受伤部位易发病，严重的使表皮组织木质部分层，呈现麻丝状纵裂，这是本病的典型特征。发病严重时，病蔓易折断，或引起病部以上的枝叶枯死。叶片发病多从叶缘开始，先自叶缘发生黄褐色病斑，边缘水渍状，逐渐向叶片中部扩展形成大型近圆形的淡褐色病斑，有不明显的同心环纹。后在病叶上也形成灰白色的小粒点。由于叶部病斑较大，病组织干枯，病斑很易破裂。

为害特点：先在果穗上发病，然后传染到叶片和新梢上。果穗先在穗轴和小穗子梗上发病，然后感染到果粒上。发病的穗轴和小穗梗变褐色干缩，导致病果脱落，烂果有腐烂味，这是果实上白腐病的最大特征。

流行条件：病菌随水（带土飞溅和表面张力传播）、尘土飞扬等传播。

果实：只能通过伤口（虫害、白粉病等造成的伤口）侵入；穗轴和果梗：通过皮孔等可以直接侵入。低于 15℃ 或高于 34 ℃ 抑制白腐病发生，适宜温度 22 ~ 27 ℃。

防治方法：采取高架栽培，幼果期地面喷施石硫合剂后覆盖地膜可以明显减轻为害。

保护剂：杜邦易保 1 000 倍液，78% 科博（波尔多液 + 代森锰锌）可湿性粉剂 600 倍液，80% 必备（波尔多液）400 倍液等。

治疗剂：12.5% 速保利（稀唑醇）4 000 倍液、10% 世高（苯醚甲环唑）1 500 ~ 2 000 倍液、40% 福星（氟硅唑）EC8 000 ~ 10 000 倍液、多菌灵、甲托等。

六、葡萄炭疽病

病源：炭疽病菌的有性世代属于子囊菌亚门，围小丛核菌。无性世代属于半知菌亚门，葡萄炭疽刺盘孢菌和果腐盘长孢菌。病菌主要在上年的病果、病枝上越冬。

发病时间：果实上色成熟时的盛夏季节。

症状：主要为害果实，同时为害果梗、穗轴、嫩梢和叶柄；初发病时可见果实上有水渍状浅褐色斑点或雪花状病斑，以后逐渐扩大而呈圆形，并变成深褐色，感病处稍显凹陷，并有许多黑色小粒点排列成圆心轮纹状，若空气湿度较高，小粒点上涌出粉红色黏胶状物，病害严重时，病果逐渐失水干缩，极易脱落；发病花穗自花穗顶端小花开始，沿花穗轴、小花、小花梗侵染，初现淡褐色湿润状，渐变黑褐色并腐烂，有时整穗腐烂，有时只剩几朵小花不腐烂，腐烂小花受震易脱落，湿度大时，病花穗上长出白色菌丝和粉红色黏稠状物；嫩梢、叶柄或果枝发病，形成长椭圆形病斑，深褐色；果梗、穗轴受害重，影响果穗生长或引起果粒干缩；叶片发病多在叶缘部位产生近圆形暗褐斑，直径2～3厘米，湿度大时也可见粉红色分生孢子团，病斑较少，一般不引起落叶。

为害特点：成熟果粒褐变下陷，病部发生轮纹状黑点并分泌红褐色胶状物。易暴发流行使果穗全部腐烂。又称晚腐病。流行条件：是风传和水传病害，高温高湿流行。果实含酸量高时不表现病症或发病轻，果实上色成熟含糖增高时为防治关键。

防治方法：浆果生长期就需进行防治。

保护剂：杜邦易保1 000倍液，78%科博（波尔多液＋代森锰锌）可湿性粉剂600倍液，80%必备（波尔多液）400倍液，70%丙森锌（安泰生）可湿性粉剂500～700倍液、波尔多液等。

治疗剂：25%炭特灵（溴菌腈）500～800倍液，45%施保功（咪鲜胺）1 500～2 000倍液，10%世高（苯醚甲环唑）1 500～2 000倍液，25%阿米西达（嘧菌酯）1 500倍液，80%炭疽福美700～800倍液，70%甲托1 000倍液。

七、葡萄根癌病

葡萄根癌病又称根头癌肿病，是一种发生普遍的根部病害。主要为害根颈、主根、侧根，2年生以上的主蔓近地面处也常受害。病菌多存在于土壤中，主要通过雨水、灌溉传播，从伤口侵入寄主。其次地下害虫如蛴螬、蝼蛄和土壤线虫等也可以传播细菌；而苗木带菌则是病害远距离传播的主要途径。管理粗放，严重受冻，地势低注，排水不良易发生此病。

症状及发生特点：葡萄根癌病主要为害根颈处和主根、侧根及2年生以上近地部主蔓。初期病部形成愈伤组织状的癌瘤，稍带绿色或乳白色，质地柔软。随着瘤体的长大，逐渐变为深褐色，质地变硬，表面粗糙。瘤的大小不一，有的数十个小瘤簇生成大瘤，老熟病瘤表皮龟裂，在阴雨潮湿条件下易腐烂脱落，并有腥臭味。受害植株因皮层及输导组织被破坏，生长不良，叶片小而黄，果穗小而少，果粒不整齐，成熟也不一致。病株抽芽少、长势弱，严重时整株干枯死亡。该病由根癌细菌引起，病菌随病残体在土壤中越冬，条件适宜时，通过剪口、嫁接口、机械伤、虫伤及冻伤等各种伤口侵入植株。雨水和灌溉水以及地下害虫如蛴螬、蝼蛄、线虫等是该病的主要传播媒介，苗木带菌是该病远距离传播的主要方式。病菌的潜伏期从数星期到1年以上。温度适宜、雨水多、湿度大，癌瘤的发生量也大。土质黏重、排水不良以及碱性大的土壤发病重。

防治方法：①严格检疫和苗木消毒。建园时禁止从病区引进苗木和插穗，若苗木中发现病株应彻底剔除烧毁。②在田间发现病株时，可先将根周围的土扒开，切除癌瘤，然后涂高浓度石硫合剂或波尔多液，保护伤口，并用1%硫酸铜液消毒土壤。对重病株要及时挖除，彻底消毒周围土壤。③加强栽培管理。多施有机肥，适当施用酸性肥料，使其不利于病菌生长。农事操作时防止伤根，并合理安排病区与无病区的排灌水流向，以减少人为传播。

八、葡萄酸腐病

1. 葡萄酸腐病发病规律

酸腐病是真菌、细菌和果蝇联合为害。严格讲，酸腐病不是真正的一次病害，应属于二次侵染病害。首先有伤口，从而成为真菌和细菌的存活和繁殖的初始因素，而后引诱果蝇在伤口处产卵，果蝇身体上有细菌存在，爬行、产卵的过程中传播细菌。果蝇卵孵化、幼虫取食同时造成腐烂，之后醋蝇指数性增长，引起病害的流行。引起酸腐病的真菌是酵母菌。空气中酵母菌普遍存在，并且它的存在被看作对环境非常有益，起重要作用。所以，发生酸腐病的病原之一的酵母菌的来源不是问题。引起酸腐病的另一病原菌是醋酸菌。酵母把糖转化为乙醇，醋酸细菌把乙醇氧化为乙酸；乙酸的气味引诱醋蝇，果蝇、蛆在取食过程中接触细菌，在果蝇和蛆的体内和体外都有细菌存在，从而成为传播病原细菌的罪魁祸首。

果蝇是酸腐病的传病介体。传播途径包括：外部（表皮）传播，即爬行、产卵过程中传播病菌；内部传播，病菌经过肠道后照样能成活，使果蝇具有很强的传播病害的能力。果蝇属于果蝇属昆虫，据报道，世界上有 1 000 种果蝇，其中，法国有 30 种，是酸腐病的传病介体。一头雌蝇 1 天产 20 粒卵（每头可以产卵 400～900 粒卵）；一粒卵在 24 小时内就能孵化；蛆 3 天可以变成新一代成虫；由于繁殖速度快，果蝇对杀虫剂产生抗性的能力非常强，一般 1 种农药连续施用 1～2 个月就会产生很强的抗药性。在我国，作为酸腐病介体果蝇的种类及它们的生活史还不明确。品种间的发病差异比较大，说明品种对病害的抗性有明显的差异。巨峰受害最为严重，其次为里扎马特、酿酒葡萄（如赤霞珠）、无核白（新疆）、白牛奶（张家口的怀来、涿鹿、宣化）等发生比较严重，红地球、龙眼、粉红亚都蜜等较抗病。不管品种如何，为害严重的果园，损失在 30%～80%，甚至全军覆没。品种的混合栽植，尤其是不同成熟期的品种混合种植，能增加酸腐的发生。据观测和分析，酸腐病是成熟期病害，早熟品种的成熟和发病，为晚熟品种增加果蝇基数和提高两种病原菌的菌势，从而导致晚熟品种酸腐病的大发生。

2. 防治方法

（1）栽培措施。尽量避免在同一果园种植不同成熟期的品种；增加果园的通透性（合理密植、合理叶幕系数等）；葡萄的成熟期不能（或尽量避免）灌溉；合理施用或不要施用激素类药物，避免果皮伤害和裂果；避免果穗过紧（施用果穗拉长技术）；合理施用肥料，尤其避免过量施用氮肥等。

（2）化学防治措施。成熟期的药剂防治是防治酸腐病的最为重要途径。根据法国的资料和我们近3年的农药筛选，施用安泰生（70%丙森锌）和杀虫剂稻腾、敌杀死配合施用，是目前酸腐病的化学防治的较好办法。自封穗期开始施用3次安泰生，施用1 500～2 000倍液10天1次。需要注意的是，在葡萄上一定不要使用高度的有机磷类其他农药。发现酸腐病要立即进行紧急处理：剪除病果粒，用安泰生1 500倍液＋敌杀死3 000倍液＋50%灭蝇胺水可溶性粉剂2 000倍液喷施病果穗，水量要足够大。待果蝇完全死掉后，马上剪除烂穗或有伤口的穗，用塑料袋或桶接着，收集后带出田外，越远越好，挖坑深埋。剪烂穗要及时并且彻底。

九、葡萄白粉病

病源：子囊壳或芽中的菌丝体越冬。

发病时间：一般在幼果期开始发生，特殊年份果实成熟及枝条老熟期均会发生。

症状：该病主要为害叶片、枝梢及果实等部位，以幼嫩组织最敏感。葡萄展叶期叶片正面产生大小不等的不规则形黄色或褪绿色小斑块，病斑正反面均可见有一层白色粉状物，粉斑下叶表面呈褐色花斑，严重时全叶枯焦；新梢和果梗及穗轴初期表面产生不规则灰白色粉斑，后期粉斑下面形成雪花状或不规则的褐斑，可使穗轴、果梗变脆，枝梢生长受阻；幼果先出现褐绿斑块，果面出现星芒状花纹，其上覆盖一层白粉状物，病果停止生长，有时变成畸形，果肉味酸，开始着色后果实在多雨时感病，病处裂开，后腐烂。

为害特点：幼果、叶片受害，呈灰白色粉状物附在叶、果表面、引起生长不良、裂果等。

流行条件：干旱是其流行原因，为气传病害。

防治方法：萌芽期用3~5度石硫合剂，生长期用75%百菌清600~700倍液，62.25%仙生（腈菌唑＋代森锰锌）600倍液，25%粉锈宁（三唑酮）1 500~2 000倍液，40%福星（氟硅唑）EC8 000~10 000倍液、10%世高（苯醚甲环唑）1 500倍液、12.5%速保利（稀唑醇）4 000倍液等。

十、葡萄毛毡病

1. 葡萄毛毡病的为害症状

葡萄毛毡病实际是锈壁虱为害所致，其为害症状似病害。因此，人们习惯列入病害类。该病在我国各葡萄产区均有发生。主要为害叶片，从春天展叶开始发生，可持续为害至落叶。发生严重时，也能为害嫩梢、幼果、卷须、花梗等。受害植株叶片皱缩、枝蔓生长细弱，穗小、粒小、产量降低，品质变劣，常常造成早期落叶，不仅影响当年的产量，同时削弱树势，影响花芽分化。因此，也影响第二年的产量和品质。叶片被害后，最初于叶背发生不规则的苍白色病斑，形状不规则、大小不等，病斑直径2~10毫米，其后叶表面形成泡状隆起，似毛毡，因此而得名。绒毛由白色逐渐变茶褐色，最后变为暗褐色。受害严重时，叶片皱缩，质地变厚变硬，叶表面凹凸不平，有时干枯破裂，常引起早期落叶。

2. 葡萄毛毡病的主要防治措施

一是秋天葡萄落叶片后彻底清扫田园，将病叶及其病残物集中烧毁或深埋，以消灭越冬虫源。二是早春葡萄芽萌动后展叶前喷波美3~5度的石硫合剂，以杀灭越冬成虫，药液中可加0.3%洗衣粉，可提高喷药效果。三是葡萄展叶后，若发现有被害叶，应立即摘除，并喷波美0.2~0.3度石硫合剂或喷25%亚胺乳油 1 000 倍液或 40% 乐果或 20% 三氯杀螨醇 1 000 液。四是选取用无病害苗木，毛毡病可随苗木或插条进行传播，最好不从病区引进苗木，非从病区引进苗木不可时，定植前必须先进行消毒处理，比较简便的方法是热水浸泡，其方法是把苗木或插条先放入 30~40℃ 温水中浸 3~5 分钟，然后再移入 50℃ 温水中浸 5~7 分钟，可杀死潜伏在芽内越冬的锈壁虱。

第二节 非侵染性病害

葡萄非侵染性病害是指葡萄生长发育过程中遇到不良的生态环境因素而发生病变，甚至死亡。这种病害一般是一次性的，不能传染，因此称为非侵染性病害。其发病原因有物理和化学两种因素。物理因素包括光照、温度（过热或过冷），还有水涝、干旱等不利的自然因素；化学因素，包括肥害、药害、碱害、盐害、空气污染等以及人畜和各种动物的为害。设施内常见的非侵染性病害有裂果病、小粒病、水罐子病、缺素症、肥害、药害等。

一、葡萄裂果病

裂果发生时期因品种而异。乍那从硬核期就开始裂果，直至果实成熟期；藤稔、里扎马特从果实软化着色开始裂果直至果实成熟；香妃、早玉、奥古斯特、维多利亚等品种果实即将成熟时易产生裂果。

葡萄裂果原因：①遗传因子。乍那、早中早及用乍那作亲本杂交的后代如香妃、维多利亚等容易裂果，这些均是遗传因子决定的。②生理因子。由土壤水分失调造成。葡萄浆果膨大期如土壤比较干燥，土壤阵雨或大雨前漫灌，根系从土壤中吸收大量水分，通过果刷进入果粒，使果肉的水分骤然增多，靠近果刷的细胞吸水少，增大较慢，生理活动也较缓慢，随着果实膨压的增大，致使果粒裂开。③挤压因子。不易裂果的品种，如无核白鸡心、京秀等，由于坐果好，大型的果穗没有疏好果，果粒膨大过程中内部的果粒互相挤压变形也可导致裂果。④病害因子。果粒发生白粉病会导致裂果。果实患黑痘病斑边缘形成裂缝而异致裂果。

葡萄裂果的防止：建园时，在品种选择时把好关。易裂果的品种其裂果期正遇这个地区的雨季，这种品种就不宜选用和推广。藤稔虽易裂果，但能防止，可采取措施防裂果。因果粒挤压造成的裂果，通过疏果可以得到解决；而因白粉病、黑痘病造成的裂果，可通过防病来解决。因此，生产上主要是研究因生理原因造成裂果的防止措施。实践表明，因生理因子造成的裂果是可以防止的。

主要防止裂果措施如下。

①土壤保湿法。针对裂果主要是土壤水分失调造成的，故要搞好土壤水管理，防止土壤水急变，根据各品种的裂果发生期，从裂果即将发生，可畦面铺草，使畦面保持湿润，视土壤水分状况浇水或喷水，畦面不能发白，一直保持较充足的水分。

②大棚栽培。采果结束再揭顶膜，易发生裂果的欧亚种采用大棚栽培，棚膜应盖至采果结束再揭除，不使土壤水因降大雨而急整。

③增施钾肥。钾能提高果皮组织机械强度。在硬核期增施钾肥减轻裂果，并能提高含糖量，增强抗病能力。

二、葡萄小粒病

葡萄小粒主要原因有植株过于旺，盛花期病虫害，缺硼、缺锌、花后养分不足，上一年超额负载从而导致种子败育而形成的。一般成熟的小粒果种子数与大粒果种子数相等，但小粒果种子全部处于幼嫩阶段，小而无仁。若果粒内有 1 粒成熟的种子时，果粒可略大些；有 2 粒成熟的种子时，果粒可长成中等大小；有 3 粒成熟的种子时，则可发育成正常的大粒果。

防治措施：①人工掐穗尖。在开花前 2～3 天摘去花穗的 1/5～1/4。这项措施对玫瑰香和新玫瑰品种效果明显，成穗率高，穗紧粒大。②花期病虫害防治，在开花前及时喷药防治穗轴褐枯病、白腐病、褐斑病和霜霉病，同时对葡萄蓟马、绿盲蝽也要加强防治力度，这些因素都会降低葡萄植株的生长势，进而影响到果粒的膨大。③花期加强肥水管理，保证始花后"坐果营养临界期"和"种子发育营养临界期"有充足的养分。④在葡萄初花期至盛花期，每隔 7 天喷 1 次 0.3% 硼砂溶液，连喷 2～3次，促进花粉管萌发，提高坐果率。谢花后 2 周以内，用浓度为 50～100 毫克/千克的赤霉素喷施果穗；幼果膨大期用 10 毫克/千克吡效隆葡萄膨大剂浸沾或喷施果穗。如出现叶缘锯齿变尖、叶脉间黄化、叶形呈不对称等早期缺锌症状时，可叶面喷施 0.2% 益妙螯合锌肥溶液。⑤加强夏剪。在始花至盛花期进行结果枝摘心，同时抹除全部侧面副梢，只留顶端 1 个副梢，7 天后再对顶端副梢留 1～2 叶摘心，若再萌发 2 次副梢，及时抹除。⑥实行控产栽培。在冬季修剪的基础上，重视花前疏穗，每亩留花穗 3 000～4 000 个。巨峰等中穗型品种每亩留 4 000 穗左右，藤稔等较大穗型品种每亩留 3 000 穗左右，使每亩产鲜果 1 500～2 500 千克。切忌片面追求高产，防止超负荷生产而使体营养消耗过盛。

三、葡萄水罐子病

水罐子病其实是葡萄生理性的不良反应。在玫瑰香葡萄上尤为严重。症状：水罐子病一般于果实近成熟时开始发生。发病时先在穗尖或副穗上发生，严重时全穗发病。有色品种果实着色不正常，颜色暗淡、无光泽，绿色与黄色品种表现水渍状。果实含糖量低，酸度大，含水量多，果肉变软，皮肉极易分离，成一包酸水，用手轻捏，水滴溢出。果梗与果粒之间易产生离层，病果易脱落。

病原：该病是因树体内营养物质不足所引起的生理性病害。结果量过多，摘心过重，有效叶面积小，肥料不足，树势衰弱时发病就重；地势低洼，土壤黏重，透气性较差的园片发病较重；氮肥使用过多，缺少磷钾肥时发病较重；成熟时土壤湿度大，诱发营养生长过旺，新梢萌发量多，引起养分竞争，发病就重；夜温高，特别是高温后遇大雨时发病重。

防治方法：①注意增施有机肥料及磷钾肥料，控制氮肥使用量，加强根外喷施磷酸二氢钾和"天达2116"等叶面肥，增强树势，提高抗性。②适当增加叶面积，适量留果，增大叶果比例，合理负载。③果实近成熟时，加强设施的夜间通风，降低夜温，减少营养物质的消耗。④果实近成熟时停止追施氮肥与灌水。

四、葡萄缺素症

葡萄在生长发育过程中，需要吸收多种营养元素，一旦某种元素缺乏，植株就会表现出相应的缺素症状。生产上多以此作为诊断缺素和采取补救措施的依据。

（1）缺氮症。葡萄缺氮时，叶片失绿黄化，叶小而薄，较正常叶片色黄，枝条和叶柄呈粉至红色；新梢生长缓慢，枝蔓细弱节间短；果穗松散，成熟不齐，产量降低。

补救措施：发现缺氮，及时在根部追施适量氮肥，也可结合根部施肥，用0.5%尿素溶液作根外喷肥。

（2）缺磷症。葡萄缺磷时，叶片向上卷曲，出现红紫斑，副梢生长衰弱，叶片早期脱落，花穗柔嫩，花梗细长，落花落果严重。

补救措施：发现缺磷，及时用 2% 过磷酸钙浸出液或 0.2% ~0.3% 磷酸二氢钾溶液叶面喷洒。

（3）缺钾症。葡萄缺钾时，叶片边缘叶脉失绿黄化，发展成黄褐色斑块，严重时叶缘呈烧焦状；枝蔓木质部不发达，脆而易断；果实着色浅，成熟不整齐，粒小而少，酸度增加。

补救措施：发现缺钾，及时用 0.2% ~0.3% 磷酸二氢钾溶液或 3% 草木灰浸出液叶面喷洒。

（4）缺钙症。葡萄缺钙时，幼叶脉间及叶缘褪绿，随后在近叶缘处出现针头大小的斑点，茎蔓先端顶枯，叶片严重烧边，坏死部分从叶缘向叶片中心发展。

补救措施：在施用有机肥料时，拌入适量过磷酸钙；生长期发现缺钙，及时用 2% 过磷酸钙浸出液叶面喷洒。

（5）缺镁症。葡萄缺镁时，老叶脉间缺绿，以后发展成为棕色枯斑，易早落。基部叶片的叶脉发紫，脉间呈黄白色，部分灰白色；中部叶脉绿色，脉间黄绿色。枝条上部叶片呈水渍状，后形成较大的坏死斑块，叶皱缩；枝条中部叶片脱落，枝条呈光秃状。

补救措施：发现缺镁，及时用 0.1% 硫酸镁溶液叶面喷洒。

（6）缺铁症。葡萄缺铁时，枝梢叶片黄白，叶脉残留绿色，新叶生长缓慢，老叶仍保持绿色；严重缺铁时，叶片由上而下逐渐干枯脱落。果实色浅粒小，基部果实发育不良。

补救措施：发现缺铁，及时用 0.1% ~0.2% 硫酸亚铁溶液叶面喷洒。

（7）缺硼症。葡萄缺硼时，新梢生长细瘦，节间变短，顶端易枯死；花穗附近的叶片出现不规则淡黄色斑点，并逐渐扩展，重者脱落；幼龄叶片小，呈畸形，向下弯曲；开花后呈红褐色的花冠常不脱落，不坐果或坐果少，果穗中无籽小果增多。

补救措施：在开花前一周或发现缺硼时，用0.2%硼砂溶液叶面喷洒。

（8）缺锰症。葡萄缺锰时，最初在主脉和侧脉间出现淡绿色至黄色，黄化面积扩大时，大部分叶片在主脉之间失绿，而侧脉之间仍保持绿色。

补救措施：发现缺锰，及时用0.1%～0.2%硫酸锰溶液叶面喷洒。

（9）缺锌症。葡萄缺锌时，新梢节间缩短，叶片变小，叶柄洼变宽，叶片斑状失绿；有的发生果穗稀疏、大小粒不整齐和少籽的现象。

补救措施：在开花前一周或发现缺锌时，用0.1%～0.2%硫酸锌溶液叶面喷洒。

五、葡萄日烧病

葡萄果实日灼是一种生理性病害，主要发生在夏季高温季节，特别是伏期久旱下雨后无风的晴天，阳光直射到果实表面，温度过高，促使果皮下组织的水分蒸腾作用加快，出现异常失水现象，引起细胞褐变坏死，微凹陷，病疤粗糙不平。一般果皮薄的欧亚种葡萄（如红地球葡萄）容易得此病。目前尚无治疗措施可以使患病果实的坏死组织恢复生机。所以，只能加强预防，才能防止葡萄果实日灼病的发生。

防止方法：①对易发生日灼病的葡萄品种，尽可能采取棚架栽培，避免果穗受直射光照射。②夏季修剪时，应该在果穗周围多留营养枝和副梢，起到庇荫保护作用。③加强架面通风，进行地面覆草，大棚栽种的，要揭开四周的薄膜，以尽量减少果面温度与气温的温差。④实行果穗"套袋＋遮阳"措施，以防止直射光照射。

六、葡萄气灼病

葡萄气灼病是与特殊气候条件有直接或间接关系的生理性病害。气灼病本质上属于"生理性水分失调症"的表现之一。气灼病是红地球葡萄常见病害，尤其是葡萄套袋后；在其他葡萄品种上，气灼病时有发生，有些年份非常严重。据近几年调查，严重时，病穗率在80%以上，损失10%～30%。对于套袋葡萄，套袋前的疏穗、疏果工作已完成，如果套袋后出现气灼病，损失更大。

1. 气灼病的症状

气灼病一般发生在幼果期，从落花后45天左右至转色前均可发生，但大幼果期至封穗期发生最为严重。首先表现为失水、凹陷、浅褐色小斑点，并迅速扩大为大面积病斑，整个过程基本上在2小时内完成。从病斑横切面看，病斑表皮以下有些像海绵组织。病斑面积一般占果粒面积的5%～30%，严重时，一个果实上会有2～5个病斑，从而导致整个果粒干枯。病斑开始为浅黄褐色，而后颜色略变深并逐渐形成干疤（几个病斑的果实，整粒干枯形成"干果"）。病斑分布具有一定随意性，一般在果粒侧面，近果梗处和底部也发生。在土壤湿度大（水浸泡一段时间后）遇雨水后（在葡萄粒上有水珠）忽然高温，有水珠的部分，易在底部出现气灼病。气灼病没有传染性。在高倍数显微镜或电镜下检测，没有病原物，但可以看到糖或其他有机物形成的结晶。作者对病粒进行了病原分离，没有分离出病原物。

（1）气灼病和日烧病的区别。日烧病是由于太阳的紫外线、强光线造成的灼伤，颜色比较深，类似于"火烧"状；气灼病是水分生理病害，病斑颜色比较浅，类似于"开水烫"状。

（2）气灼病和其他生理性病害（缺硼等）的区别。气灼病形成非常快，一般在2小时之内完成；其他病害形成比较缓慢，病斑由小变大需要几天或十几天过程。

（3）气灼病和刺吸性虫害为害的区别。气灼病病斑大；虫害刺吸形成的病斑小。气灼病病斑颜色会逐渐加深，形成枯死斑；虫害刺吸形成的病斑，凹陷、失绿、硬斑，一般不枯死。

2. 发生原因分析

气灼病是由于"生理水分失调"造成的生理病害。证据和理由如下：①没有传染性、分离不出病原菌；②正常葡萄，中午蒸发量大的时候，切断部分根系或泼浇低温度的水（0～4℃），会表现同样症状；③浇灌高浓度的盐水（温度在20℃左右），会表现同样的症状；④有利于水分吸收和传导的措施，可减轻病害发生或病害根本不发生。

3. 发生规律分析与讨论

葡萄气灼病是特殊气候、栽培管理条件下表现的生理性病害，本质上属于"生理性水分失调症"。任何影响葡萄水分吸收、加大水分的流失和蒸发的气候条件、田间操作，都会引起或加重气灼病的发生。

（1）气灼病和气候。连续阴雨后，天气转晴后的闷热天气，易发生气灼病；连续雨水，土壤含水量连续处于饱和状态，天气转晴后的高温，易发生气灼病。

（2）根系和地上部分的关系与气灼病。葡萄地上部分和地下部分不协调，地上部分发达，相对应的地下根系不好，容易发生气灼病。相反，地下根系比地上部分发达（或地上的枝叶量与根系量协调一致），就不容易发生气灼病。

（3）不同品种的差异。首先，根系不发达的品种容易发生气灼病，比如红地球。其次，果皮薄、果皮表面粗糙、果皮保水性差的品种，容易产生气灼病。据调查，红地球、龙眼、白牛奶等品种，气灼病发生比较严重。

（4）气灼病和化学物质的使用。任何破坏果皮皮层的通透性，造成果皮失水加快的化学物质，会加重气灼病的发生；使用影响水分（向果实方向）传导的化合物，会加重气灼病的发生。套袋前，应使用正确的药剂和剂量，否则会加重气灼病的发生。

（5）气灼病与修剪、疏果。葡萄的夏季修剪、葡萄套袋前的疏果，会造成葡萄汁液的流失，有可能引起或加重葡萄气灼病的发生。2002年，作者在北京通州区某葡萄园，套袋前大量疏果（前期舍不得疏果），造成气灼病发生。

（6）气灼病和水分。气温高、蒸发量大的时期浇水（比如中午浇水），会造成根系温度降低，影响水分吸收，引起或加重气灼病的发生。

（7）气灼病和土壤（通透性、持水量、有机质）。土壤通透性差（土壤黏重、长期被水浸泡），土壤持水量小、干旱，土壤有机质含量低，会引起或加重气灼病的发生。

（8）气灼病与套袋。葡萄套袋，会引起或加重气灼病的发生。

4. 防治方法

（1）壮根性措施。壮根性措施，属于正常的规范性栽培和规范性病虫害防治措施。

首先要培养健壮、发达的根系。具体包括：增施有机肥、提高土壤通透性、合理负载量、采收后的病虫害防治等；其次注意根系病虫害（如线虫病、根腐病等）的防治。健壮、发达的根系是水分吸收和传导的基础。

（2）保证水分供应。水分的供应，包括土壤中的水分供应、水分在葡萄体内的传导两个方面。在易发生气灼病的时期（大幼果期），尤其是套袋前后，要保持充足的水分供应。水分供应一般注意2个问题：①土壤不能缺水。缺水后要注意浇水。滴灌是最好的浇水方法，如果大水漫灌，要注意灌溉时间，一般在18时至早晨浇水，避免中午浇水。②保持水分。有机质含量丰富、地表松土保墒、覆盖草或秸秆等，都有利于土壤水分的保持，减少或避免气灼病。主蔓、枝条、穗轴、果柄出现问题或病害，会影响水分的传导，引起或加重气灼病的发生。尤其是穗轴、果柄的病害，如霜霉、灰霉、白粉等病害及镰刀菌、链格孢危害，均影响水分传导。所以，花前花后病虫害的防治，尤其是花序和果穗的病害防治非常重要。从近几年的调查看，病虫害规范防治的葡萄园，有效避免或减少穗轴、果柄伤害，能减少或避免气灼病的发生。

（3）根系功能的正常发挥。保持土壤通透性好，能促使根系功能的正常发挥。避免长期水分浸泡，及时中耕、松土等，土壤通透性好，有利于根系呼吸，根系的功能正常，避免或减少气灼病。

（4）地上和地下部分的协调。如果根系弱，要减少地上部分的枝、叶、果的量，地上部分和地下部分的协调一致，会减少和避免气灼病。

第三节 病毒病害

葡萄病毒病是世界性病害，病毒类型较多，为害最大的有扇叶病毒、卷叶病毒、栓皮病毒和茎病痘病毒。葡萄苗木一经感染将终生带毒，并随树龄增长，病毒越来越重，最后不得不伐树改作。其中扇叶病毒严重影响坐果，使果穗松散，果粒大小不齐，使产量大幅减少；卷叶病毒会导致浆果成熟延迟，含糖量下降，着色差，果品品质低劣；栓皮病毒会使葡萄树势逐年衰退，成熟延迟，品质显著下降；茎痘病毒会引起植株衰退以至枯死。许多染毒的葡萄园既便以牺牲产量为代价也很难换来果品品质的提高，严重影响经济效益。

病毒不能用化学药物防治。目前比较有效的方法是通过热处理钝化病毒，再取茎尖进行组织培养，经多次病毒检测呈阴性确认为无病毒母本苗后，用网室隔离保存，再通过无毒母本苗无性繁殖出生产脱毒苗。生产上最有效的防治方法就是新建园地直接种植脱毒苗。

目前，世界上葡萄生产先进国家如美国，已通过立法的形式推广无病毒栽培，使无病毒葡萄栽培比例达到90%以上。病毒病是由病毒侵入葡萄植株后引起的病害，一般不表现明显的症状，并不死树。但是能使植株生长衰弱，枝叶畸形，产量下降，品质变劣。目前，发现的主要有扇叶病、卷叶病、斑点病和栓皮等病毒病。

一、扇叶病毒病症状

春天新梢上的新生叶皱缩畸形，表现深绿缺刻，有时深达主脉。叶脉不对称，叶绿锯齿不规则。叶柄开张角度大，呈扇叶状。有时具浅绿色斑点。叶脉扭曲、明脉。枝条畸形，节间短或长短不一。染病植株落花、落果严重，果穗、果粒变小，降低产量。整株生机衰退，发育不良。

卷叶病毒病症状：具半潜隐特性，在大部分生长季节不表现症状，多数欧亚种病株在果实成熟阶段才出现症状。在采收后到落叶前叶片症状最明显，叶缘反卷，脉间变黄或变红，仅主脉保持绿色；有的品种则叶片逐渐干枯变褐。

二、防治方法

（1）建立无病毒苗木繁殖和生产体系，采用无病毒苗木建园。

（2）防止残留在土壤中的线虫成为侵染源。先对线虫进行防治，建议施基肥前使用绿洁2号土壤消毒剂进行一次土壤消毒，之后结合使用阿维·万寿菊有机肥做底肥，栽植时再使用果菜宝1号进行灌根，这样可有效杀灭和抑制线虫。发病初期使用太抗5号300~500倍液喷施3次。

第四节 虫 害

虫害主要有绿盲蝽、短须螨、透翅蛾和葡萄金龟子。

一、绿盲蝽

绿盲蝽，属半翅目，盲蝽科。

别名花叶虫、小臭虫等。

形态特征：成虫体长5毫米，宽2.2毫米，绿色，密被短毛。头部三角形，黄绿色，触角约为体长2/3，前胸背板深绿色，布许多小黑点，小盾片三角形微突，黄绿色，中央具1浅纵纹。前翅膜片半透明暗灰色，足黄绿色。

生活习性：绿盲蝽在华北地区一年发生5代。以卵叶芽和花芽的鳞片内过冬。设施葡萄升温后若虫孵化，越冬若虫孵出后均集中在新梢顶端为害尚未展开的幼叶。若虫性情活泼，行动迅捷，一头若虫可为害许多新梢，在大多数情况下，当发现新梢受害后，虫子可能早已转移到其他新梢上为害了。当为害葡萄时，当葡萄出现花穗后，一部分绿盲蝽的个体便在花穗上生活和为害。由于绿盲蝽主要为害尚未展开的幼叶和幼嫩的花穗，并且频繁地转移为害，因而，田间仅需少量虫体便会造成较大的危害。

为害特点：在葡萄上，其以若虫刺吸新梢生长点和幼果造成危害、新梢受害后，出现褐色的坏死点，随着生长，坏死点逐渐扩大、相连，造成叶片残破。幼果受害后，在果面上出现小凹陷，随着生长，逐渐木栓化，导致果面凹凸不平。

防治方法：选触杀力强的药剂并混加有效期长的药剂，注意农药的交替使用，以防产生抗药性。据试验，防治效果较好的药剂为 20% 氰戊菊酯 1 500 倍液加 20% 吡虫啉 2 000 倍液。

二、葡萄短须螨

只为害葡萄。属于蜱螨目，细须螨科。别名葡萄红蜘蛛。此虫是我国葡萄产区重要害虫之一山东、河南、河北、辽宁、江苏、浙江等地发生较普遍。近几年，其他地区有加重危害的趋势。

形态特征：螨体微小，一般在 0.32 毫米 × 0.11 毫米，棕褐色，眼点红色，腹背中央红色。体背中央呈纵向隆起，体后部末端上下扁平。背面体壁有网状花纹，背面刚毛呈披针状。4 对足皆粗短多皱纹。

生活习性：一年发生 6 代以上。以雌成虫在老皮裂缝内、叶腋及松散的芽鳞绒毛内群集越冬。第二年 3 月中下旬出蛰，为害刚展叶的嫩芽，半月左右开始产卵。卵散产。全年以若虫和成虫为害嫩芽基部、叶柄、叶片、穗柄、果梗、果实和副梢。10 月下旬逐渐转移到叶柄基部和叶腋间，11 月下旬进入隐蔽场所越冬。在葡萄不同品种上，发生的密度不同，一般喜欢在绒毛较短的品种上为害、如玫瑰香等品种。而叶绒毛密而长或绒毛少，很光滑的品种上数量很少，如龙眼品种。葡萄短须螨的发生与温湿度有密切关系，平均温度在 29℃，相对湿度在 80%～85% 的条件下，最适于其生长发育。因此成为棚内为害葡萄的另一个严重的虫害。

为害症状：以成、若虫为害嫩梢茎部、叶片、果梗、果穗及副梢。叶片受害后呈黑褐色锈斑，严重时叶片焦枯脱落。果穗受害，果梗、果穗呈黑色，组织变脆，容易折断。果粒前期受害，果面呈铁锈色，表皮粗糙甚至龟裂；果粒后期受害影响着色。严重影响葡萄的产量和质量。

防治方法：休眠季节，剥除老树皮烧毁，消灭越冬雌成虫。冬芽萌动时，喷布石硫合剂 3～5 度，虫口密度大时，要用 40%

三唑锡四螨嗪 1 000 ~ 1 500 倍液或阿维菌素 2 000 ~ 3 000 倍液喷洒，防治效果良好。

三、葡萄透翅蛾

各地葡萄的主要害虫。以幼虫蛀食葡萄的嫩梢、枝蔓及穗轴，对葡萄的生长结果影响极大。发生规律：一年发生 1 代。越冬幼虫于次年 4 月上中旬化蛹，5 月中旬羽化成虫，5 月中下旬产卵，产卵期正在葡萄开花期。幼虫于 6 月上中旬开始为害，7—8 月是为害最严重阶段，10 月间开始越冬。以幼虫蛀食葡萄的嫩梢、枝蔓及穗轴，对葡萄的生长结果影响极大。

防治方法：①根据为害症状，结合树体管理及时开展人工捕杀。冬季结合修剪，将被害枝蔓剪除，集中烧毁，消灭越冬幼虫。特别是 6 月上中旬幼虫发生初期是人工捕杀的重要时期。要反复进行检查，及时摘除虫梢，集中烧毁。7 月上中旬对已经转梢为害的幼虫，可根据虫粪等症状找到蛀孔，用细铁丝刺入将虫刺杀，也可用 90% 晶体敌百虫 1 000 倍液或 50% 敌敌畏乳剂 500 倍液注入蛀孔，杀死幼虫。②5 月间，掌握在成虫发生期，喷洒 2.5% 功夫 2 000 倍液，对消灭成虫有一定效果。③葡萄开花前后，掌握卵孵化高峰，喷洒 1.8% 阿维菌素 3 000 倍液，或 50% 杀螟松乳剂 1 000 倍液。

四、葡萄金龟子

为害葡萄的金龟子主要是铜绿色金龟子、花潜金龟子、茶色金龟子，均属鞘翅目，金龟子科。

形态特征：

铜绿金龟子：成虫长约 20 毫米，体背密布细刻点。有铜绿色光泽，边缘黄绿色，鞘翅上有 3 条纵背，体腹面黄褐色，密生柔毛。卵椭圆形，约 2 毫米，黄白色。幼虫休长约 30 毫米。蛹长18毫米，长卵圆形，淡黄色。

花潜金龟子：成虫体长约13毫米，暗绿色，鞘翅上具有红、黄斑。卵长约1.8毫米，白色，球状。幼虫体长约22毫米，乳白色，头部黑褐色，末端圆钝，足细长。蛹长约14毫米，淡黄色，后端橙黄色。

茶色金龟子：成虫体长13~17毫米，宽8~10毫米，茶褐色，密布灰色绒毛。鞘翅上有4条纵线，但不明显。腹面黑褐色，也有绒毛。卵椭圆形，长1.7~1.9毫米。幼虫乳白色，体长13~16毫米。蛹长约10毫米，羽化前为黄褐色。

为害症状：成虫食性杂，主要咬食葡萄嫩梢幼叶，常使叶片呈网状穿孔，并在残叶上排泄黑色条状粪便。植株受害后，叶片的光合作用受到严重影响，而使植株生长停滞。

金龟子为害葡萄的程度与品种有关，一般欧洲种叶片较薄而茸毛稀少，为害较为严重，而欧美杂种叶片较厚，茸毛较多，危害较轻。

发生规律：茶色金龟子为杂食性害虫，在金龟子中分布较多，一年发生一代，以幼虫羽化成虫在较深的土层中过冬。次年4月起随着气温上升而到地表层。5月中下旬傍晚出土飞翔取食并交配，食性相当复杂，葡萄、梨、茶、棉、栗、苹果等均能受其害。一般22时后静伏叶片上，翌晨4时左右又群飞离去，钻入土内潜伏。成虫产卵于疏松的土壤内，幼虫以植物细根和腐殖质为食，因而是重要的地下害虫。老熟幼虫在土内筑土室化蛹，每年8—10月羽化成虫，即以成虫在土内越冬。

防治方法：一是消灭越冬虫源。秋季深耕、春季浅耕，破坏越冬场所，消灭越冬虫源。二是人工捕杀和诱杀。利用成虫的假死性，在其活动取食时进行人工捕杀，或利用成虫趋光性采用黑光灯、高压水银灯进行诱杀，结合水缸接虫是消灭夜出性金龟子的有效措施。三是药剂防治。成虫对多种农药都很敏感，在成虫

危害期，可喷 90% 敌百虫 800～1 000 倍液或 25% 敌敌畏乳油
1 000 倍液。注意农药安全间隔期，葡萄成熟期不能用药。

五、葡萄根瘤蚜

该虫原产美国，现已传遍世界 30 多个国家和地区。1892 年
随苗木传入我国山东、辽宁等地。葡萄根瘤蚜属于同翅目，瘤蚜
科。葡萄园一旦发生，为害严重，所以已被列为国内外主要检疫
对象。

形态特征：

根瘤型无翅孤雌成蚜：体卵圆形，体长 1.2～1.5 毫米，黄
色或带绿色，触角及足黑褐色，无翅无腹管，体背面各节有 4、
6、4 个灰黑色瘤突，触角 3 节，第三节端部有 1 个圆形感觉孔，
末端有 3～4 根刺毛，足跗节 2 节。卵椭圆形，长 0.3 毫米，黄
色略有光泽，渐变为绿色。若蚜淡黄色，4 龄。

叶瘿型无翅孤雌成蚜：体近圆形，黄色，体长 0.9～1.0 毫
米，体背有微细凹凸纹，无黑瘤。触角 3 节有 1 个感觉孔，末端
有 5 根刺毛。卵淡绿色，卵壳薄而光亮。

有翅产性型成蚜：体长 0.9 毫米，翅展 2.8 毫米，长椭圆
形，体橙黄色，中、后胸赤褐色。触角 3 节有 2 个感觉孔，末端
有刺毛 5 根。翅 2 对，静止时平叠于体上，前翅有长形翅痣及 3
条斜脉，后翅无斜脉。卵淡黄或赭色，大卵长 0.36～0.5 毫米，
小卵长 0.27 毫米。3 龄若蚜时，胸、腹各节背面有黑瘤，生出
黑灰色翅芽。

无翅有性型雌性蚜：椭圆形，长约 0.4 毫米，雄蚜体长 0.3
毫米，黄褐色，触角、足灰黑色，喙退化。触角第三节有 1 个感
觉孔，顶端刺毛 5 根。足跗节 1 节。两性卵为椭圆形，深绿色，
长 0.27 毫米。

为害症状：葡萄根瘤蚜对美洲品种为害严重，既能为害根部

又能为害叶片，对欧亚品种和欧美杂种，主要为害根部。根部受害，须根端部膨大，出现小米粒大小、加呈菱形的瘤状结，在主根上形成较大的瘤状突起，不久被害部即变褐而腐烂。叶上受害，叶背形成许多粒状虫瘿。因此，葡萄根瘤蚜有根瘤型和叶瘿型之分。根瘤型，最易寄生在当年生须根上。雨季根瘤常发生腐烂，使皮层裂开脱落，维管束遭到破坏，从而影响根对养分、水分的吸收和运送。同时，受害根部容易受病菌感染，导致根部腐烂，使树势衰弱，叶片变小变黄，甚至落叶而影响产量，严重时全株死亡。叶瘿型，则寄生在叶片上，叶背形成凸出的束状虫瘿，严重时叶呈畸形萎缩，并可导致整个植株发育不良，树势衰弱，产量显著降低，有时整株枯死。

发生规律：葡萄根瘤蚜在北美洲原产地有完整的生活史周期，即两性生殖和孤雌生殖交替进行，以两性卵在枝蔓上过冬，春季孵化为干母，只能在美洲葡萄上为害，成为叶瘿型蚜，并陆续转入地下根部为害，变为根瘤型蚜，均孤雌繁殖 5~8 代，均无翅。至秋季才出现有翅产性雌蚜，产大（雌）小（雄）卵，分别孵化出雌、雄蚜交尾产生两性蚜在枝干上过冬。

在我国烟台以根瘤型蚜为主，每年发生 8 代，以初龄若蚜和少数卵在根部缝隙处过冬。春季 4 月开始活动为害，5 月上旬始产卵，全年以 5 月中旬至 6 月和 9 月的蚜虫量最多，7—8 月降水量多，受害根腐烂蚜数量下降，蚜虫多转移表土层须根为害，秋季只有少数成为有翅产性蚜，个别出土在美洲葡萄上出现叶瘿型蚜虫，在其他品种葡萄上未发现叶瘿型蚜虫。根瘤型蚜完成一代需 17~29 天，每雌产卵数 10 粒。卵和若虫可耐 -14~ -13℃低温。越冬死亡率 35%~50%。当月平均气温达到 13~18℃，降水量 100~200 毫米时最适发生，7—8 月干旱少雨蚜虫大发生，降水量多抑制发生。一般疏松土壤，石砾土发生重，沙土空隙小、土壤温度变化大，发生轻。葡萄根瘤型蚜近距离传播主要靠蚜虫爬行，水流、风力和生产工具等携带，有中期苗木插条和包装材料的异地调运是远距离传播主要途径。

防治方法：

加强检疫：防止从有虫疫区调运苗木、接穗。对调运的苗木、接穗严格检疫。在检疫苗木时，要特别注意根系所带泥土有无蚜卵、若虫和成虫，一旦发现，立即进行药剂处理。其方法是：将苗木和枝条用50%辛硫磷1 500倍液或80%敌敌畏乳剂1 000~1 500倍液或40%乐果乳油1 000倍液浸泡1~2分钟，取出阴干，严重者可立即就地销毁。或用溴甲烷熏蒸，在18~26℃温度下，用药32克/平方米，密闭熏蒸3小时。苗木先浸于40℃热水3~5分钟，再放54℃热水浸5分钟。

土壤处理：对有根瘤蚜的葡萄园或苗圃，可用二硫化碳灌注。方法：在葡萄茎周围距茎25厘米处，每1平方米打孔8~9个，深10~15厘米，春季每孔注入药液6~8克，夏季每孔注入4~6克，效果较好。但在花期和采收期不能使用，以免生产药害。还可以用50%辛硫磷500克拌入50千克细土，每亩用药土25千克，于15~16时施药，随即翻入土内。

选用抗根瘤蚜的砧木：我国已引入和谐、自由、更津1号和5A对根瘤蚜有较强抗性的砧木，可以选用。

第五节　葡萄休眠期及萌芽前的葡萄病虫害防治

一、清园措施

秋天落叶后，清理田间落叶深埋或焚烧。修剪后的枝条，收出园外集中处理。

二、使用农药

使用农药，杀灭越冬的病菌和害虫。萌芽前的药剂使用，不同的地区应区别对待。蓬莱当地一般建议 4 月 20 日左右芽变绿前，用 3~5 度石硫合剂清园处理。

第六节　萌芽后到采收前的病虫害防治

葡萄生长期病害要以预防为主，以喷波尔多液及类似保护性农药为主，以喷叶背面为主。为保证药效，注意叶片上有露水时，中午气温过高时不要喷药，以防发生药害。喷药后 6 小时内遇有中到大雨，雨后要立即补喷一次药。晴天少雨时 15 天间隔一次打药，多雨季节 7~10 天 1 次。花前花后重点防治黑痘病和穗轴褐枯病，谢花后至葡萄转色前重点防治褐斑病、炭疽病、白粉病和霜霉病，果粒长大上色至近成熟期重点是防治白腐病。

一、2~3 叶期（4 月底）

这个时间是防治霜霉病、毛毡病、绿盲蝽、白粉病、黑痘病的关键期，一般可用保护性药剂如大生 800 倍 + 吡虫啉预防。如果去年病害发生严重，或 4 月下旬有降水发生，可施用福连 900 倍 + 吡虫啉处理。

二、花序展露期（6~7 天后）

主要防治绿盲蝽为害，一般使用吡虫啉药预防。

三、花序分离期（5 月 10 日左右）

这个时期是防治灰霉病、黑痘病、穗轴褐枯病、炭疽病、霜霉病、绿盲蝽、蓟马的重要时间，是开花前最为重要的防治点，也是补硼的重要时间。一般情况下，喷 78% 科博可湿粉 600 倍液加 20% 速乐硼 2 000 倍液 + 高效氯氰菊酯 1 000 倍液。如果花序展露期之后降水发生，应使用 50% 多菌灵 600 倍液加高效氯氰菊酯 1 000 倍液处理。

四、开花前 2～3 天（大约 5 月 25 日）

从病虫害的防治点考虑，开花前与花序分离期基本一致，但要注意防范绿盲蝽为害，如此期降水较多，要加杀虫剂。一般情况喷 78% 科博可湿粉 600 倍液加 20% 速乐硼 2 000 倍液。病害比较严重（如穗轴褐枯病、灰霉病）的园片，可以使用 10% 宝丽安 1 000 倍液加 78% 科博可湿粉 600 倍液加 20% 速乐硼 2 000 倍液。

五、落花后 2～3 天（大约 6 月 6 日）

以防治黑痘病、霜霉病和穗轴褐枯病为主要对象，一般采用 78% 科博 600 倍液 + 50% 多菌灵 600 倍液 + 20% 速乐硼 2 000 倍液防治。如果花期前后雨水较多，要用 40% 稳歼菌 8 000～10 000 倍液加 80% 大生 800 倍液 + 20% 速乐硼 2 000 倍液处理（稳歼菌就是氟硅唑，内吸性杀菌剂，对白粉病、黑痘病、白腐病有优异防效，注意浓度过大会有副作用）。

六、落花后 10～15 天（大约 6 月中旬）

花后第二次用药防治重点是褐斑、霜霉和炭疽病，一般情况下选用 78% 科博 600 倍液防治。如果此期前降水发生，改用 50% 科克 3 000～4 000 倍液 + 80% 大生 800 倍液防治。

七、花后第三次用药（大约 6 月下旬）

重点防治霜霉、白腐、炭疽病，一般情况选用 78% 科博 600

倍液加 50% 多菌灵 600 倍液或 40% 稳歼菌 8 000 ~ 10 000 倍液 + 80% 大生 800 倍液。

八、花后第四次用药（大约 7 月上旬）

重点防治白腐、炭疽、霜霉、房枯病，可以用（1：0.7）~（1：200）倍波尔多液或 78% 科博 600 倍液或 50% 福美双可湿粉 600 ~ 800 倍液。若已发生霜霉病（7 月下旬为发生关键期），要先用烯酰吗啉等内吸性药治疗，再选用保护性杀菌剂；若已发生白腐病、炭疽病，要先用稳歼菌控制。

九、封穗期至转色期防治

以铜制剂为主，10 天左右使用一次。在霜霉病发生严重的为害期，可喷 78% 科博可湿粉 700 倍液加 50% 科克 3 000 倍液处理。白腐病、炭疽、房枯、霜霉、叶斑病也要注意防治，可用 80% 大生或稳歼菌或福美双交替防治。

十、采收后到落叶前防治

目的是保证大部分葡萄叶片健壮，让枝条充分成熟，冬芽饱满。一般情况下，采收后应立即使用保护性杀菌剂如 1：0.7：200 波尔多液，之后以铜制剂保护为主。重点是防治霜霉病，褐斑病。采收后出现严重的霜霉病，立即使用 1 ~ 2 次内吸性杀菌剂，5 天后使用保护性杀菌剂封闭。如褐斑病严重，首先使用一次 10% 多抗霉素 1 500 倍液或 12.5% 烯唑醇 3 000 倍液，而后用大生 800 倍液，再使用一次波尔多液。

第七节　葡萄杀菌剂的分类

杀菌剂按其作用方式分为两类：一是保护性杀菌剂，二是内吸性杀菌剂。保护性杀菌剂在植物体外或体表直接与病原菌接触，杀死或抑制病原菌，使之无法进入植物体内，从而保护植物免受病原菌的危害。此类杀菌剂称为保护性杀菌剂，其作用有两个方面：一是药剂喷洒后与病原菌接触直接杀死病原菌，即"接触性杀菌作用"；二是把药剂喷洒在植物体表面上，当病原菌落在植物体上接触到药剂而被毒杀，称为"残效性杀菌作用"。内吸性杀菌剂施用于作物体的某一部位后能被作物吸收，并在体内运输到作物体的其他部位发生作用，具有这种性能的杀菌剂称为"内吸性杀菌剂"。内吸性杀菌剂有两种传导方式：一是向顶性传导，即药剂被吸收到植物体内以后随蒸腾流向植物顶部传导至顶叶、顶芽及叶类、叶缘，目前的内吸性杀菌剂多属此类。另一种是向基性传导，即药剂被植物体吸收后于韧皮部内沿光合作用产物的运输向下传导。为了规范葡萄园合理施药，实现优质高效的目的，现将常用的葡萄杀菌剂分类及科学使用技术介绍如下。

一、保护性杀菌剂

1. 硫制剂

如硫黄悬浮剂、石硫合剂、多硫化钡等，在葡萄上主要用于防治白粉病、锈病、毛毡病，在发芽前使用石硫合剂或多硫化钡是非常有效的清园措施。虽然对环境没有危害（或潜在威胁），但在葡萄生长期使用，要注意使用浓度和对葡萄的安全性问题。

2. 铜制剂

波尔多液是由硫酸铜、生石灰和水按一定比例配制而成的一种保护性杀菌剂，对预防霜霉病、黑痘病、炭疽病、褐斑病等有效，药效间隔期最长，可达 15~20 天，是套袋后、果实采收后的主要药剂。但存在药效不稳定、浓度过大而产生药害、污染叶片和果面、影响光合作用的缺点。无公害葡萄生产中可用科博、多宁、可杀得、必备等药替代波尔多液。

3. 国产 EBDC 类

一类是代森锌、代森铵、代森锰锌等药，对霜霉病、黑痘病、炭疽病、褐斑病等有效，但易造成落花落果，叶片和果面受伤害，要注意使用安全性问题；另一类是福美双、炭疽福美，退菌特等药，对葡萄的果穗有很好的保护作用，对霜霉病也有一定药效，但要注意这类产品造成的污染，注意食品的安全性，后期应谨慎或禁止使用。

4. 进口 EBDC 类

如喷克、喷富露、克菌丹、大生、太盛、安泰生等，这类产品安全性好，不会对葡萄产生伤害，可以在葡萄整个生长期内施药。混配性也好，与很多的杀虫杀菌剂混合使用，有一定的增效作用。科博和易保等都是进口 EBDC 的复配药剂。

二、内吸性杀菌剂

1. 苯并咪唑类

如苯菌灵、多菌灵、噻菌灵、硫菌灵与甲基硫菌灵（甲托）等，具内吸并向顶输导性能，药效快，为广谱性杀菌剂，对葡萄黑痘病、炭疽病、褐斑病、白腐病、穗轴褐枯病等有效。由于近年来使用广泛，已产生抗性，药效一般，建议与其他内吸性杀菌剂交替使用。注意不能与含铜的农药混用，否则会产生药害（果锈）。

2. 二甲酰亚胺类

如异菌脲、乙烯菌核利、速克灵等，是广谱触杀型保护性杀菌剂，同时具有一定的治疗作用，是防治灰霉病的优秀药剂。也可通过根部吸收起内吸作用，可有效防治对苯并咪唑类内吸杀菌剂有抗性的真菌。要注意不能与强碱性或强酸性的药剂混用，为预防抗性的产生，葡萄全年扑海因的施用次数要控制在 3 次以内，在病害发生初期和高峰前使用，可获得最佳效果。不能与腐霉利（速克灵）、乙烯菌核利（农利灵）等作用方式相同的杀菌剂混用或者轮用。

3. 有机磷类

如三乙膦酸铝、疫霜灵等。在植物体内可以同时向上、向下传导而起抑菌作用。对果树霜霉属、疫霉属病原菌引起的病害，有良好的防治效果，兼具有保护和治疗作用。杀菌谱广，对霜霉病有特效。与福美双、多菌灵、代森锰锌等混配混用可提高防效，扩大防治范围。

4. 甾醇生物合成抑制剂类

包括吗啉类和哌啶类、三唑类、咪唑类和嘧啶类，如氟硅唑、亚胺唑、烯唑醇、咪酰胺、苯醚甲环唑、科克、氟吗啉等，这类杀菌剂兼具保护作用和治疗作用，杀菌谱较广，药效期长。与目前已有杀菌剂无交互抗性，对几乎所有真菌纲（子囊菌纲、担子菌纲、卵菌纲和半知菌类）病害如白粉病、锈病、霜霉病、白腐病、炭疽病等均有良好的活性。但要注意：一是需要控制年生长期内农药使用次数，延缓抗性产生；二是规范使用浓度，浓度过大时有些农药品种会产生药害；三是注意有些农药品种对葡萄新梢生长、果穗拉长和果实膨大有一定的抑制作用，生长前期不适合使用；四是注意三唑类农药不能与铜制剂混用，否则不安全。

5. 抗生素类

如井冈霉素、宝丽安、多氧霉素等，具有良好的内吸传导作用，渗透性好，即能有效防治葡萄灰霉病、白粉病和穗轴褐枯病，又能促进葡萄生长，对葡萄一般不造成药害。可在花前、花后与保护性杀菌剂混合使用效果很好。

6. 苯基酰胺类

如甲霜灵、苯霜灵、恶霜灵和甲呋酰胺等是防治霜霉目真菌的专用药剂，具有显著的保护、治疗和铲除作用，由于该类杀菌剂对病菌作用位点单一，因而很容易导致病菌产生抗药性，要注意轮换用药，交替使用，也可以与保护性杀菌剂混合使用，如甲霜灵锰锌、雷多米尔、克露等药，减缓抗性产生、增加药效。

7. 甲氧基丙烯酸酯类

如嘧菌酯（阿米西达）、醚菌酯（翠贝）、肟菌酯（拿敌稳）、烯肟菌酯、苯醚菌酯、丁香菌酯、氟嘧菌酯、唑菌胺酯、啶氧菌酯等。此类杀菌剂具有非常广泛的杀菌谱，几乎能够防治四大类真菌当中的大多数真菌引起的病害，特别是对葡萄霜霉病、白粉病、黑痘病和炭疽病防治效果突出。同时还能诱导许多作物的生理和形态发生变化，如提高作物的产量和质量。这是一类具有预防兼治疗作用的杀菌剂，但它最强的优势是预防保护作用，而不是它的治疗作用。它的预防保护效果是普通保护性杀菌剂的十几倍到100多倍，而它的治疗作用和普通的内吸治疗性杀菌剂几乎没有多大差别，因此生产中一定要在发病前或发病初期使用。为了防止产生抗药性，整个生育期使用次数不应超过总施药次数的1/3。

第八节　果树农药的科学混用技术

果树农药的合理混用，不仅可以有效防治病害和虫害，又可以促进果树的生长发育，提高产量；还可以提高工效，节省劳力，减少用药量，降低生产成本。当前果业生产中，一些地方果农盲目混用农药，没有认真考虑农药混用的原理，没弄清其混用农药的成分，结果增效甚微或药效下降，或增加了农药的毒性，甚至造成药害。

一、农药混用的概念及作用

农药的混合使用是将两种或两种以上含不同有效成分的农药剂混配在一起用。农药混用包括混剂使用和农药现混现用（即桶混）两种，混剂是指工厂里将两种或两种以上有效成分和各种助剂、添加剂等按一定比例混配在一起加工成某种剂型，直接施用。桶混是指在田间根据标签说明，把两种或两种以上不同农药按比例加入药箱中混合后使用。混剂虽然应用时方便，但它本身存在两个主要缺点：一是农药有效成分可能在长期的贮藏、运输过程中发生缓慢分解而失效；二是混剂不能根据使用时的环境条件、病虫草害的组成和密度不同而灵活掌握混用的比例和用量，甚至可能因为病虫草害的单一，造成一种有效成分的浪费。桶混则可以克服混剂的这两个缺点，但不合理的桶混会造成农药间的不相容性而使药效下降，甚至产生药害，增加毒性。

二、农药混用的原则

对于农药使用者来说，混用农药要有明确的目的性，是为了兼治、省工、增效、防治抗性病虫害，也是为了节省药量、缩减成本、降低毒性。如果没有充分的科学依据，随意混配，就可能造成中毒、药害、减效、甚至失效等情况。当前农药混用最易出现的问题就是不相容性。

农药的不相容性包括化学不相容性和物理不相容性。化学不相容性是指农药混合后，农药的有效成分、惰性成分及稀释介质间发生水解、置换、中和等化学反应，使得农药效降低。如大多数有机磷农药不能与碱性农药混用，就属于化学不相容性。这方面不容易犯错误，因为碱性农药只有石硫合剂、波尔多液等为数不多的几种。物理不相容性是指农药混合后，农药的有效成分、惰性成分、稀释介质间发生物理作用，是混合后药液产生结晶、絮结、漂浮、相分离等不良状况，不能形成均一的混合液，即使适当搅拌也不能形成稳定均一的混合液。农药间产生物理不相容性的原因大多数是由于多种农药成分或农药—液体肥料混合使用时，其溶解度、络合和离子电荷等因素造成的。农药物理不相容性通常导致药液药效降低，对作物药害加重，并且阻塞喷头等问题。农药间是否存在物理不相容性，大家很难掌握，也不好预知。我们买到的商品混剂，都是农药厂经过多次严格试验，测定出混剂不存在物理及化学不相容性才投放市场的，因此使用的商品农药混剂尽管放心。但在田间桶混，就要注意农药间的物理不相容性了。一般说，相同剂型的农药制剂混用时，很少发生物理不相容性，不同剂型农药混用时，往往会出现物理不相容性。可湿性粉剂和乳油进行混用，常形成油状絮结或沉淀，产生这一现象原因是存在的乳化剂被优先吸附至可湿性粉剂有效成分和填料的颗粒上，取代了可湿性粉剂中的分散剂，许多乳化剂组分中具有大量的湿润剂，对陶土有絮疑作用。悬浮剂与乳油混用时，相容性就更差，原因是悬浮剂中有许多专用成分，除湿润剂和分散剂外，还有比重调节剂、抗冻剂、消泡剂、增稠剂等，加入乳油后，其中的有机溶剂能使原有的悬浮来衡系统产生凝聚或乳脂化作用。农药与液体肥料混用时，则可能发生盐析作用，而发生分层甚至沉淀。盐析程度取决于化肥中 N、P、K 的组成，高 N 化肥引起的盐析程度比高 P 或高 K 化肥低。

不同剂型之间混用时，加入顺序不同，所得到的相容性结果或混合液的稳定性有差异，一般加入不同剂型的顺序是：可湿性粉剂、悬浮剂、水剂、乳油，这样容易配成稳定均一的混合药液；搅拌程度不同，所得结果亦不一致。搅拌过于激烈，有时反而不能得到稳定的混合液，原因是激烈搅拌，空气进入药液中，从而使混合液产生絮状结构。黏稠的液体，特别是与粉剂或悬浮剂混用时，这种现象较明显。所以，农药混和时要注意不能产生不相容性物质，否则会减少药效，增加毒性，产生植物药害。

三、农药混用要讲究经济效益

除了使用时省工省时外，混用一般应比单用成本低。同样的防治对象，一般成本较高与成本较低的农药混用，只要没有拮抗作用，往往具有明显的经济效益。价格较贵的新型内吸治疗性杀菌剂与较便宜的保护杀菌剂品种混用、价格较贵的菊酯类杀虫剂与有机磷杀虫剂混用，都比单用的成本低得多。

生产上除直接使用混剂以外，在许多情况下是现混现用，选用的药剂大多数是菊酯类农药与有机磷或其他药剂混用，其次是有机磷之间、有机磷与其他农药间的混用，再则是杀虫剂与杀菌剂之间的混用。需要指出的是，并不是混用时的种类越多越好，有的为了防治一种难治的病虫害，将有机磷、有机氯类、氨基甲酸酯类及菊酯类等几种农药混在一起，还有的将有机磷类农药中的几种药剂或菊酯类中的几种药剂混合在一起。5~6种甚至7~8种药剂混在一起，非常容易产生药害。

第九节　规模化葡萄园的病虫害防治技术

每个葡萄栽培区有不同的气候条件，主栽品种不同，栽培方式各异，因而所发生的病虫害种类也不尽相同，因此要根据果园的实际当地条件制定防治历。

一、科学制定防治历

第一要以当地气候条件，栽培方式，历年来主要病虫害发生趋势为前提，第二要以自己园区近年来发生的病虫害发生记录为重要依据，第三要与栽培中的其他管理措施相结合，第四要注意防治历的可操作性。

二、规模化种植的葡萄园还要有一套完善的植保防治操作制度

从制定防治历开始到药剂采购、以及对药品管理人员、配药人员都要有一套相应的管理制度，并制定出工作流程，以保证防治历中的防治措施全面落实到位。第一，在药剂种类确定后，一定要保证购入药剂的质量。第二，药品管理要规范，管理人员要懂一些药品常识。第三，配药人员要根据基地技术人员下达的喷药指令，准确把好关。第四，喷药人员要按照技术人员的指示组织实施，喷后及时检查打药质量，并做好生产记录。

三、生产中要灵活多变

根据实际情况适时微调。在防治历的实施过程中，根据气候变化和田间出现的具体情况，对防治措施进行有效调整。如天气干旱时打药间隔期可适当延长，如发现病叶时，就要选择内吸药和保护药结合施用。

第十节　波尔多液和石硫合剂的配制

一、波尔多液的配制方法和注意事项

波尔多液在果树生产中是应用范围最广、历史最久的铜制杀菌剂。它能有效防治果树多种病害，且防治效果好、有效期长，是一种普遍使用的廉价优良杀菌剂。对葡萄黑痘病、霜霉病、炭疽病和褐斑病等多种病害都有良好的防治效果。质地优良的波尔多液为天蓝色胶体悬浮液，呈碱性，比较稳定，黏着性好。

1. 配制方法

（1）根据防治需要配制不同的混合比例。

①石灰半量式波尔多液：硫酸铜、生石灰、水的比例是1：0.5：200。此比例，药效较快，不易污染植物，但附着力稍差。多在葡萄生长前期使用。②石灰等量式波尔多液：硫酸铜、生石灰、水的比例是：1：1：200。③石灰倍量式波尔多液：硫酸铜、生石灰、水的比例是：1：2：200。等量式和倍量式波尔多液，药效较慢，较安全，附着力强，但会污染植物，多在葡萄生长中后期使用。④清汤波尔多液：硫酸铜、生石灰、水的比例是：1：（3~4）：200。此比例，是用石灰乳经过澄清后的石灰水加硫酸铜液配制而成。多在接近成熟期时，为使果面洁净、美观而使用。

（2）配制时，取1/3的水配制石灰液，充分溶解过滤备用。

（3）取2/3的水配制硫酸铜液，充分溶解过滤备用。

（4）将硫酸铜倒入石灰液中或将硫酸铜、石灰乳分别同时倒入同一容器中，并不断搅拌。配制良好的药剂，所含的颗粒很细小而均匀，沉淀较慢，清水层也较少；配制不好的波尔多液，沉淀很快，清水层也较多。

2. 注意事项

（1）配制时，必须选用洁白成块的生石灰，硫酸铜选用蓝色有光泽、结晶成块的优质品。

（2）配制时不宜用金属器具，尤其不能用铁器，以防发生化学反应降低药效。

（3）配制后放置过久会发生沉淀，产生不定性结晶，降低药效。因此，波尔多液必须现配现用，不宜贮存。

（4）波尔多液是保护剂，应在葡萄发病前作预防使用，发病后再用一般效果不很理想。

（5）波尔多液不能与石硫合剂、退菌特等碱性药液混合使用，且需最少间隔20天。

（6）波尔多液喷后在植株表面形成一层薄膜，在一定的湿度下，释放出铜离子，破坏病菌细胞内的蛋白质而起到杀菌作用。雨天或空气湿度大时，碱基硫酸铜释放出大量铜离子，被植物吸收后亦可能产生药害。因此，喷布使用时应选择晴天、空气湿度低的时候使用。

（7）喷布波尔多液产生药害，还可能与与葡萄品种、生育期有关，也与生石灰质量、用量有关。石灰愈多，对植物愈安全，但杀菌效力较慢，且易污染植物。因此，针对不同的品种及防治对象，应采用不同的混合比例。

二、石硫合剂的熬制方法和注意事项

石硫合剂对防止葡萄毛毡病、白粉病、黑痘病、红蜘蛛、介壳虫等有良好的效果，尤其在葡萄发芽前使用石硫合剂是优秀的防治措施。采用石硫合剂防治葡萄病虫害，防治成本相对较轻。

1. 石硫合剂的熬制方法

采用生石灰、硫黄加水熬制而成，配制比例一般是 1 : 2 : 10，即生石灰 1 千克，硫黄 2 千克，水 10 千克。熬制方法是先把水放在锅中烧至将沸时，加入生石灰，等石灰水烧开后，将碾碎过筛的硫黄粉用开水调成浓糊状，慢慢加入锅内，边加边搅拌，并用大火熬煮 40 ~ 60 分钟，药液由黄色变成深红褐色即可。若熬制时间过长，药液则变成绿褐色，药效反而降低；若熬制时间不足，原料成分作用不全，药效不高。

熬制好的石硫合剂，待冷却后用波美比重表测量度数，一般可达 25 ~ 30 波美度。在缸内澄清 3 天后取其清液，装罐密封备用。应用时，需对水稀释后使用。最简便的稀释方法有两种。

（1）重量法。可按下列公式计算：原液需用量（千克）＝所需稀释浓度/原液浓度 × 所需稀释液量。例如，需配 0.5 波美度稀释液 100 千克，需 20 波美度原液和水量为：原液需水量 ＝ 0.5/20 × 100 ＝ 2.5（千克），需加水量 ＝ 100（千克）－ 2.5（千

克）＝97.5（千克）

（2）稀释倍数法。稀释倍数＝原液浓度/需要浓度－1。例如，欲用25波美度原液配制0.5波美度的药液，稀释倍数为：稀释倍数＝25/0.5－1＝49。即取1份（重量）的石硫合剂原液，加49倍的水混合均匀即成0.5波美度的药液。

2. 熬制石硫合剂注意事项

①必须选用新鲜未风化、含杂质少的生石灰；硫黄选用金黄色、经碾碎过筛的粉末；水要用洁净的软水。②熬制中火力要大且均匀，始终保持锅内处于沸腾状态，并不断搅拌。③不要用铜器熬制和贮藏药液，贮藏原液时必须密封，最好在液面上倒少量煤油，使原液与空气隔绝，避免氧化。

3. 使用石硫合剂应注意事项

①石硫合剂为强碱性，不能与波尔多液、松脂合剂及遇碱分解的农药混合使用，以免发生药害或降低药效。②石硫合剂腐蚀力极强，熬制和喷药时要防治腐蚀皮肤和衣服；喷药器械使用后必须喷洗干净，以免被腐蚀而损坏。③夏季高温期（32℃以上）使用时易发生药害，低温（4℃以下）时使用则药效降低。④葡萄发芽前使用石硫合剂相对较为安全，但葡萄发芽后，处于生长期使用硫制剂要注意使用浓度和对葡萄的安全性问题。

第九章 越冬防寒、出土上架技术

葡萄进入冬季前要进行埋土防寒，越冬防寒管理得好与坏，直接关系到翌年葡萄的生长发育，产量高低和品质优劣。目前烟台市酿酒葡萄以采用欧亚种的自根扦插苗为主，正常情况下枝条和芽眼在冬季能耐受 −18 ~ −16℃左右的低温，根系抗寒力低，一般在 20 厘米土温达 −7 ~ −5℃即发生冻害。近年来部分葡萄园的冻害时有发生，且愈演愈烈，为避免冻害的重复发生，减少经济损失，要下大力气加强葡萄越冬防寒管理。经过一个冬天的休眠期，葡萄树开始慢慢苏醒，这是一年中非常重要的时期，也是一年中最脆弱的时期，认真做好这一时期的管理工作非常重要。许多果农由于对此期间管理工作不重视，技术掌握不到位，造成葡萄树抽干、死树现象，经济损失惨重。

第一节 葡萄发生冻害的原因

一、对冬季葡萄防寒工作重视不够

胶东半岛地处北纬 36° ~ 37°，由于海洋性气候调节，冬季最低温度一般不超过 −15℃，如果降雪量大，空气比较湿润，葡萄不埋土也可以越冬。连续多年的暖冬天气，使果农产生麻痹思想，侥幸认为，葡萄埋不埋土照样能越冬。但近年来天气变化异常，如 1999 年、2004 年和 2007 年冬季寒冷且长时间干旱，在冷空气集结的葡萄园发生了严重冻害。

二、栽培管理措施不当

葡萄枝蔓一年中可发生多次副梢，必须及时修剪，合理布局。但不少果农不仅没有及时处理副梢，造成了营养的无效消耗，而且郁闭了架面，恶化了光照，减少光合产物的形成与积累。另外个别果园病虫害防治不力，导致植株提前落叶，树体贮藏营养不足，枝条细弱不充实，都大大降低了树体的抗寒性。

三、盲目追求高产，不注意营养积累

在正常管理条件下，葡萄产量维持在 1 200~1 500 千克/亩，有利于强壮树势，实现优质高效。但不少果农为求眼前利益，片面加大化肥用量，尤其偏重氮肥使用，不合理负载，一味追求高产，产量高达 3 000~4 000 千克/亩，造成枝蔓组织发育不充实，贮藏营养不足，不但降低了果品质量，造成枝条徒长，枝质不充实，进而大大降低了葡萄的抗寒性。

第二节　提高树体越冬防寒能力，防止冻害发生

一、加强栽培管理

提高树体贮藏营养，增强树势，提高抗性。

1. 增施有机肥

多施有机肥并适时补充微量元素，有利于果树全面吸收养分，增强树体抗寒能力，这是避免或减轻冻害的一条有效措施。

2. 搞好病虫害防治

筛选优质农药保护好叶片，可以生产积累更多的光合产物，增强树体贮藏营养，从而提高树体抗性。

3. 控制产量

科学修剪，合理布局，产量严格控制在 1 500～2 000千克/亩左右，通过限产提高果品质量，增强树势。

二、加强越冬防寒管理

防寒时间，原则上在土壤封冻之前一周开始防寒，过早过晚都不适宜。过早土壤温度、湿度适合土壤微生物特别是霉菌的生活，易损害葡萄枝芽；过晚有可能已发生冻害，且土壤封冻不便于操作。在葡萄埋土防寒临界区（如我们胶东半岛地区冬季最低温度一般不越过 -15℃），建议采用局部埋土防寒法，即在土壤封冻前，利用拖拉机耕犁，在植株基部培 20 厘米左右高、60 厘米宽的土堆，并灌足封冻水。这样即使遇到寒冷年份冻坏地上部，根系也不会受到大的损伤，覆土以下的枝蔓也可以萌发，重新构成树体。或利用抗寒砧木，采用抗寒砧木嫁接的葡萄，由于根系发达，抗寒力强于自根苗的 2～4 倍，无须防寒管理，故可大大简化防寒措施，节省防寒用土和用工。

第三节　冻害的补救措施

葡萄植株一旦发生冻害，应因地制宜采取补救措施。

（1）加强地下土肥水管理，剪去受冻严重的枝条，使其他枝芽得到充足养分和水分，发整齐芽，新梢健壮生长。

（2）冻害严重时，大量疏剪花序，减少结果量或不结果，促发新梢，恢复树势。

（3）植株出现严重光秃带时，可采取压蔓促梢（生长季将光秃枝蔓压入土表促发新梢）方法增加枝量，恢复树势。

第四节　撤土技术

春季第一次撤土，烟台市一般从 3 月底左右开始，撤掉埋在葡萄树上面的土的 2/3。撤土时应注意不要撤掉根部的土，以葡萄树为中心，留约 40 厘米宽的土，其他多余的土必须都撤走，露出秋季时的地表面，目的是提高地温，让根系及早活动，吸收大量的水分和养分，以满足树体生理活动需要。如果树枝露在外面，应用土把它盖好，防止遇到低温天气发生冻害，导致芽眼冻死。葡萄撤土不能太早，因为撤土之后芽眼就易提早萌生。当外界温度达不到出土条件时，芽眼在土里面已经长的很长，等温度稳定后可以出土时，会碰掉许多将来会成为结果枝的主芽，这些先长出的结果枝主芽，发出的果穗大，而后长出的是结果枝副芽，发出的果穗小，所以千万不能把主芽碰掉。到 4 月初时，再进行第二次撤土，原则上是撤掉埋在葡萄树上面的土的 1/3，这次不露出枝蔓就行，把土都回填到冬季挖土的地方，这项工作要按规定去做，操作不当，也可能造成植株死亡。

第五节　出土技术

出土时间根据当时的气象条件和未来几天的气温变化情况灵活选择，当外界温度不低于 15℃ 且变化不大时开始出土，具体可以以当地山杏树盛花期做为参照。具体操作过程，用带钩的工具把葡萄蔓钩出土外，注意要从上一年秋季放倒时的最后位置开始操作，以此类推。葡萄在春季通常不宜出土过早，原因是前期的气候温差可能较大，当出现大幅降温时（摄氏零度以下），葡萄幼芽可能因温度过低而死亡。而出土过晚，芽眼萌发的过长，出土操作过程中容易被碰掉，同时，在土中生长过长的芽（1～

3 厘米）还会因外界温度与土内温度差距过大而死亡，而后期生长出来的新梢，由于挂果量减少会造成当年减产，效益降低。

第六节　上架技术

为了使葡萄的枝蔓和新梢最有效的充分利用架面和光照条件，实现优质高产，同时也为了便于葡萄园以后的各项管理工作，应根据葡萄整形方式和品种特点，来选择葡萄的引绑方式。葡萄出土后不要急于上架，将枝条先平放于地面，以削弱顶端优势，提高萌芽率，消除光秃，一般在出土后一周内完成引绑上架即可。葡萄在绑扎固定之后，不能让其左右移动，以免由于新梢移位而导致架面过密或过疏。

一、上架

用手慢慢将葡萄老蔓向上扶起上拉至使其根部与地面垂直。要注意使枝蔓在架面上均匀分布，将各主蔓尽量按原来的生长方向绑缚于架上，保持各枝蔓间距离大致相等。

二、绑扎

用玉米皮绑扎老蔓时，应把铁丝向下稍按 1～2 厘米，使铁丝线对树体产生一定的拉力，防止树体弯曲。藤蔓弯曲没有绑直，会给冬季埋土防寒工作带来不利影响，同时藤蔓弯曲在防寒沟高的部位很容易暴露于埋土之外，会发生严重冻害。

第十章　葡萄避雨栽培技术

避雨栽培是以防止和减轻葡萄病害发生，提高葡萄品质和生产效益为主要目的一种栽培技术。主要做法是在葡萄的生长季节用塑料大棚将葡萄扣起来，或在葡萄树冠顶部用简易的塑料棚架覆盖起来，使葡萄株蔓、花果处于避雨状态，从而防止和减轻葡萄病害发生。烟台是典型的大陆季风性气候，冬季干寒多风、夏秋季多雨，给葡萄生产带来很多不利因素，尤其是夏季雨水丰沛，特别是在新梢生长、开花坐果期间正值梅雨季节，高温高湿的气候条件极易使露地栽培葡萄发生较为严重的葡萄病害。避雨栽培，让葡萄枝叶能很好地避开自然降水，可大大减轻因雨水飞溅多种病害的侵染，如白腐病、炭疽病、霜霉病等；同时，可以减少农药使用量，提高葡萄的安全质量，确保生产出无公害、绿色葡萄。因此，推广葡萄的避雨栽培技术具有重要意义和作用。葡萄避雨栽培的关键性技术如下。

第一节　避雨设施的构建

避雨设施的构建，根据各种植企业、农户的经济条件决定，一般分3种结构。

一、大棚结构

利用钢架大棚作为避雨设施。大棚跨度一般6~7米，棚顶高3~3.2米。棚的长度根据园地实际情况决定。棚内种植两行葡萄，葡萄架式采用平棚架、"V"形架均可。利用大棚作为避雨设施，可和促进栽培结合起起来，只是覆膜的时间和覆膜的位置不同。用作促成栽培时，覆膜时间一般要在春节前进行，膜要覆盖整个大棚；而用作避雨设施的，覆膜时间可推迟到葡萄萌芽前进行，覆膜不需要整个大棚多覆盖，大棚两侧1米左右的位置可不用覆膜。

二、连栋避雨结构

用于连片避雨栽培，避雨棚的建造要求较高，成本也相对较高。此种结构是根据园内葡萄种植行的情况，决定园内立柱，一般每两行种植行建一个避雨棚，园内水泥立柱立距一般4米×6米，立柱高出地面2米，立柱底部用混凝土浇灌牢固，立柱顶端要确保在同一水平面，用钢架焊接相联。顶部避雨棚采用钢管拱型焊接，拱顶高1.5米左右，拱架每间隔2米焊接1根钢管，两根拱型钢管中间再用竹片作拱环。拱棚顶部用钢结构连接固定牢固。在拱棚钢管之间，每0.5米拉一道铁丝。每个避雨棚间设置出水槽，出水槽可用塑料水槽，水槽固定位置略低于水泥立柱高度。整个避雨棚四周用地锚加于固定。拱棚用长寿无滴膜覆盖，覆膜时间根据江苏的气候特点，一般在2月下旬、3月上旬盖膜。

三、简易避雨拱棚结构

结构比较简单，成本也轻。具体构建办法是在原葡萄架水泥立柱顶端加固一根1.5～1.7米的横梁和0.8米的支柱，横梁两端和立柱顶端各拉一道10号铁丝，用竹片做拱环，竹环两端固定在铁丝上，竹环间隔距离1～1.5米。竹环与竹环间用铁丝连接并扶正，两头用地锚拉紧固定。薄膜用竹片加压固定在搭架的拱环上，膜的两侧卷细竹杆捆在拉紧的铁丝上。简易避雨拱棚构建完成的时间必须在葡萄萌芽前，晚了将影响避雨棚作用的发挥。

无论采取哪种结构，都要求做到牢固、抗风，尤其是夏季台风频发的地方，更要重视避雨设施的抗风问题。

第二节 避雨栽培葡萄品种的选择

避雨栽培葡萄品种的选择，必须根据品种的适应性、优质丰产性、各地的市场销售情况和各自的管理技术水平等综合因素来考虑。

按照葡萄品系，欧美杂种葡萄比较适应暖湿气候条件，抗病性相对较强。欧亚种葡萄对暖温气候就不太适应，因而抗病性就相对较差，在多雨、高温、高湿地区就极易发病。而欧亚种葡萄因品质优而受到广大葡萄种植户和消费者的欢迎。因此，从葡萄的种系和避雨栽培的作用效益来讲，欧亚种葡萄就成为避雨栽培首选的、更有价值的品系。欧美杂交种葡萄采用避雨栽培技术，也能有效降低葡萄的发病率。

因此，在避雨栽培品种选择上，欧亚种葡萄必须采取避雨栽培，不能采用露地栽培方法。欧亚种葡萄露地栽培，病害的发生就很难控制。避雨栽培的欧亚种，从江苏的情况看，美人指、维多利亚、魏可、红罗莎里奥、白罗莎里奥、矢富罗莎等品种通过避雨栽培，都取得了较好的栽培效果和经济效益。欧美杂交种葡萄采用避雨栽培，目前比较多的有夏黑、巨玫瑰、早巨选、黄金指、黄蜜等品种。

第三节 避雨栽培葡萄蔓果管理

避雨栽培，由于采取了覆膜措施，因而使棚内光照减弱，棚内温度略高，对蔓果生长产生一定的影响。因此，在蔓果管理上应注意以下问题。

一、应有效控制蔓叶徒长

采用避雨设施，避雨棚下的光照度比露地栽培要减少1/4～1/3，因而葡萄生长略有徒长现象，葡萄节间略有增长，叶片略增大，叶色略淡。因此，在生产过程中，要注意控制蔓叶徒长，除了从肥料使用上加强控制外，要加强枝蔓管理，合理确定定梢量，一般比露地栽培减少5%～10%。对覆膜下过密的枝蔓要及时疏去，以改善通风透光条件。同时，要及时分次摘心和处理副梢、摘除基部老叶。

二、应加强花芽分化期的管理

避雨栽培条件下，花果管理与露地栽培相比，具有相对不同的要求。避雨栽培，由于光照减弱，枝蔓营养积累减少，对葡萄的花芽分化产生一定影响，尤其是对花芽分化较差和中等的欧亚品种影响要大些。因此，使用破眠剂石灰氮涂冬芽，有利花芽分化、提高萌芽率和整齐度。

三、应加强果穗管理

避雨栽培，提高了坐果率，但对果穗生长、果品质量也存在着一些不利的因素，例如，叶幕受光量减少，光合产物相对也减少，树体营养积累也减少。在这种情况下，如不加强果穗管理，则可能会影响到葡萄的品质。因此，果穗管理，一定要确定合理的产量指标，不能一味追求高产量，根据确定的产量指标，抓好定穗、整穗疏果和副穗的处理。另外，避雨栽培对果穗上色有一定的影响，使成熟期略有推迟。针对这种情况，应采取相应的措施，改善通风透光条件，有条件的可在棚下使用反光膜。

第四节　避雨栽培葡萄肥水管理

避雨栽培，由于葡萄园畦面避免或减少了雨淋，因而与露地栽培相比，肥料淋失减少，肥料利用率提高；同时，覆膜期的土壤溶液浓度相对提高，如肥料使用不当，易导致肥害，也易导致土壤耕作层盐类积聚，使土表出现返盐现象。因此，避雨栽培葡萄园的肥料使用要根据品种特性和避雨栽培的特点，科学进行施肥，要增施有机肥和磷钾肥，提倡多施用畜禽有机肥，氮、磷、钾的比例要达到 1∶0.8∶1.1 以上。肥料的用量可比同品种露地栽培适当减少。浆果膨大肥和着色肥的用肥品种基本同露地栽培。避雨栽培条件下肥料使用必须肥水结合，施肥后必须及时供水，以防土壤溶液度过高，导致肥害，同时肥水结合有利根系吸收。这点避雨栽培必须注意。另外，要注意重视叶面肥的使用，通过叶面使用，可有效解决避雨栽培条件下叶片较薄、叶色较淡的问题。水的管理，葡萄需水量较大，避雨栽培避免了雨淋。因此，葡萄园土壤水分管理十分重要，要根据葡萄园土壤墒情和葡萄生长情况及时补给水分，尤其是在果实膨大期如遇土壤含水量偏低，要及时补水。补水方法，采用地滴灌较好，既可节约用水，更有利于控制补水量。同时注意增施二氧化碳气肥。葡萄叶片光合作用的二氧化碳补偿点为 60~80 毫克/千克，切实可行的办法是，每平方米土壤中施入 4 千克充分腐熟的纯厩肥，温室内空气中二氧化碳浓度可长期维持在 70~80 毫克/千克；每平方米施入 8 千克时，可长期维持在 120~150 毫克/千克。

第五节　避雨栽培条件下的病虫害防治

在避雨栽培条件下，靠雨水传播的病害可大大减轻，有的可以避免，但在多雨地区和病源基数较高的情况下，病害还是不能完全避免，只是减轻而已。不能以为有了避雨栽培而放松对病害的警惕和防治。有关避雨条件下的葡萄病虫害发生、所用药剂及防治方法同露地栽培的防治要求没有什么不同，这里需要指出的是避雨设施对防治葡萄霜霉病、炭疽病、白腐病等病有较好的防治效果，但白粉病和蚧壳虫发生可能有所加重，因此要重视防治。

第六节　避雨栽培葡萄温、湿度调控

避雨栽培条件下的葡萄生长期管理既具有露地葡萄浆果生长期的一般共性的要求，也有着保护地栽培条件下不同要求。葡萄自子房开始膨大至浆果着色之前，一般可持续：早熟品种35～45天；中熟品种50～60天；晚熟品种70天以上。葡萄浆果生长期，新梢生长速度放慢，但加粗生长，同时也正是冬芽和花序突起形成的时期。一定要控制好棚内的温度和湿度。棚内适宜的温湿度，是保证浆果正常生长的重要条件。保护地栽培与露地栽培相比，棚内的温度和湿度管理成为管理的一项重要内容。花后15天内，夜间温度应保持在20℃，以后控制在18～20℃，白天气温可控制在28～30℃。气温高时，要注意通风。到浆果成熟期，可加大昼夜温差，白天控制在28～30℃，最高不超过32℃，夜间逐渐下降到15～16℃或更低些。棚内相对湿度要控制在60%左右，在果粒膨大期要注意灌水，到浆果成熟期要控制灌水，使相对湿度控制在50%左右。

第十一章 植物生长调节剂在葡萄生产上的应用

　　植物生长调节剂在葡萄生产上的运用，是科技的进步，越来越受到科研人员和生产者的关注，目前投入应用的品种越来越多，但此技术仍处在不断地研究探索中。因此，科学使用植物生长调节剂，是当前使用过程中必须引起高度重视的问题。目前，在植物生长调节剂使用上存在的主要问题是缺少使用的技术规范，对适用品种、方法、时期、浓度等尚没有权威性的技术标准，特别在植物生长调节剂使用品种不断出现的情况下，这给生产者带来了极度迷茫；盲目滥用是当前最为突出的问题，部分农户在不充分了解植物生长调节剂作用机理的情况下，不管是否有使用的必须性，不区分品种、不经过试验，不注意控制使用次数和浓度，盲目使用，结果起不到应有的使用效果，反而影响了果品质量和安全性。

　　植物生长调节剂在葡萄生产上的运用，使用技术要求较高，掌握难度也较大。不同葡萄品种的最佳适用期和方法，不同的植物调节剂最佳使用浓度，都因品种、气候、树势等因素也有所不同，因此，必须经过反复试验，才能较为准确掌握。根据实际使用中暴露出的问题，江苏省葡萄协会认为，植物生长调节剂的使用，应需要强调"慎重使用、规范使用、合理适度使用"3个原则，在具体使用过程中应注意以下问题。

第一节 要弄清所用葡萄品种有无使用 植物调节剂的必要性

植物生长调节剂并不是所有葡萄品种都需要使用、也不是所有葡萄品种都可以使用。从实际情况看，大部分葡萄品种都无须使用。

一、果实膨大剂

目前，使用主要涉及无核葡萄品种，如"无核白"葡萄、"夏黑"葡萄；采用无核化技术栽培的葡萄，如日本的"先锋"葡萄和"玖瑰露"葡萄、我国的"醉金香葡萄"；特大果粒的"藤稔"葡萄（乒乓葡萄）。这3类品种使用之后确有改善坐果，增大果粒或提早成熟等作用。但果实膨大剂在有籽的某些欧亚品种上使用，如京玉、奥古斯特、巨玫瑰、白萝莎、维多利亚、京秀、矢富萝莎、美人指、意大利、红地球、秋黑等，使用后果粒虽略有膨大，但成熟期推迟，含糖量下降，使用不当果粒反而变小；里扎马特使用后虽能增大果粒，但影响上色，含糖量下降、易导致采后落果。对这些品种就不宜使用膨大剂。另外，欧亚种的奇妙无核、欧美杂种中的金星无核、皇家秋天等品种使用后效果不明显。所以，这些品种就没有必要使用膨大剂。

二、无核剂使用问题

并非所有有籽品种都可使用无核剂进行处理，必须在试验中进行筛选确定。目前，无核化生产的品种主要有玫瑰露、先锋、蓓蕾 A 和巨峰。其中，巨峰的稳定性较差，操作技术难度较高，仅有部分应用。正在逐步扩大试用的品种有翠峰、安芸皇后、京亚、醉金香、戈尔比等。醉金香葡萄无核化栽培还存在一些问题，主要是穗轴硬化、脱粒等。如果使用无核剂处理后，无籽率不明显或不稳定、果粒明显变小、穗轴扭曲、木栓化、果梗增粗硬化、浆果脱落等副作用的品种，均不适宜进行无核化处理。

三、花序拉长剂

坐果性能特别好的品种如欧亚种的京秀、欧美杂种的金星无核等可使用花序拉长剂，但奥古斯特、维多利亚、美人指、里扎马特、巨峰等品种就不宜使用。有些鲜食有核葡萄不宜用 GA3 来拉长花序稀穗，因为在开花前喷 GA3 后，会产生许多僵果（小青粒），降低商品价值。藤稔用拉长剂处理，处理过早或近花期、花期处理，可能出现严重的大小粒现象；藤稔因花序拉长后，必须采取激素保果，疏果用工量很大；同时，果穗很大，成熟时很难均匀上色，故不提倡使用用拉长剂处理。

总之，究竟哪些葡萄品种需要使用植物生长调节剂，哪些品种不能用植物生长调节剂，应先进行小面积试验，取得成功经验、掌握成熟技术后，才全面使用，切不可在未经试验、技术不成熟的情况下，盲目地大面积使用，使用一定要慎重。

第二节　要充分注意植物生长调节剂对葡葡安全性的影响

首先，选择植物生长调节剂品种时，一定要选用无公害、绿色食品葡葡生产允许使用的植物生长调节剂。即：选用采用发酵工艺生产的植物调节剂产品，不要选用采用化学有机合成方法生产的植物生长调节剂。化学有机合成的植物生长调节剂，加上不适当的使用会给葡萄的食用安全性构成一定威胁。目前，在无公害绿色食品生产上，允许使用的植物生长调节剂品种有：赤霉素、奇宝、脱落酸（ABA）等。奇宝是美国雅培公司生产的新型植物生长调节剂,由发酵工艺生产而成,在绿色食品中允许使用。植物激素脱落酸(ABA),是从微生物发酵中提取的纯天然植物生长调节剂,在葡萄栽培上也可以使用。植物生长调节剂氯吡脲在无核处理、果实膨大等方面,使用效果较明显。由于其是用化学合成方法生产的植物生长调节剂,因而在绿色食品生产上禁止使用。因此,协会提倡选用赤霉酸,尽量少用氯吡脲。其次,使用时,一定要注意使用浓度和允许使用的次数,以及安全间隔期问题。各种植物生长调节剂允许使用的浓度、次数、安全间隔期,在其包装说明上都有标明,使用时不得突破。例如,赤霉素 40% 水溶性片剂,使用浓度 2 000 ~ 8 000 倍,生长期最多使用次数 2 次;安全间隔期 45 天。氯吡脲 0.1% 可溶性液剂,使用浓度 500 ~ 1 000 倍,生长期最多使用次数 1 次;安全间隔期45 天。

第三节　要充分了解植物生长调节剂使用后的副作用

尽可能地把副作用控制在最低限度。试验表明,国内各地产的膨大剂均存在着副作用,主要表现为含糖量下降,成熟期推迟,果梗硬化,采运过程易落果,藤稔等品种易裂果等。

一、赤霉素

美国自 20 世纪 50 年代已经把赤霉酸用于无核葡萄生产过程中,至今仍是世界各国无核葡萄的主要"果粒膨大剂"。赤霉酸是生物制剂,是通过某种特定微生物在人工培养发酵后提取而获得,属生物体自身代谢的天然产物。作为植物细胞生长激素的赤霉素在自然界已发现达 120 余种之多,赤霉酸是应用最早,最广的一种。以后又推出了赤霉素 GA4 + 7,已作为梨树果实的膨大剂先后在日本和我国使用。赤霉酸一般均在葡萄幼果期（开花后 0 ~ 18 天）使用 1 ~ 2 次，使用浓度大致在 25 ~ 100 毫克/升之间。使用的方法主要为浸渍法，把配制好的药水放入塑料杯中，将葡萄幼穗浸没 1 秒钟即可。由于赤霉酸不属化学合成，且与植物体内的内源赤霉酸结构一致，对人体十分安全，因此在欧美、日本和我国等广泛应用。人类利用微生物廉价地生产出赤霉酸并广泛应用于农业，技术成熟，生产效果好，这是现代农业科技领域的一项重要进步。

虽然在绿色食品生产上允许使用，但也有一定的副作用，主要副作用是：部分品种出现果梗硬化和增粗，扭曲；花穗越幼嫩，反应越重，需科学使用。

二、氯吡脲

氯吡脲是通过人工化学合成的苯脲类物质，具有类似细胞分裂素效应的植调剂，日本 20 世纪 80 年代注册用于瓜果类作物，对葡萄有极其显著的增大浆果、促进坐果等作用。

当前在西甜瓜、黄瓜、丝瓜等园艺作物上适用的各种果实坐果或膨大剂均离不开氯吡脲。近年还有一种与氯吡脲同类的化学制品噻苯隆，我国已通过农药登记准许在葡萄上使用。氯吡脲与赤霉酸相比，其特点是促进浆果增大的效果更显著，但使用浓度极低，一般在 1 ~ 10 毫克/升（百万分之 1 至 10）。葡萄上使用的时间、方法均与赤霉酸大体一致。它的副作用更强烈，不仅会使果梗严重增粗、木质化、扭曲，还会使果实延迟成熟，阻碍葡萄上色，糖度下降、风味和品质明显下降，甚至出现异味。

三、多效唑

有抑制副梢生长、缩短节间长度、促进花芽分化、并可增加单粒重、单穗重、单株产量等作用。但浓度过高，抑制过强，则对生长不利。单独使用多效唑（pp333）、矮壮素和缩节胺等生长延缓剂，会产生果粒大小不齐，贪青晚熟，着色差、含糖量下降等缺点。

四、S－诱抗素

（植物激素脱落酸 ABA）对葡萄有促进果实上色的显著作用，但使用过度会使果皮色泽过浓发暗不鲜艳，影响外观。在葡萄生产中，一般不提倡使用催熟剂、着色剂，应任其自然成熟，以确保果品质量。在特殊情况下，如遇大雨受涝，果实很难自然着色成熟时，酌量使用催熟剂、着色剂，作为补救措施，以挽回经济损失。

降低植物生长调节剂副作用的有效办法：一是降低使用浓度。氯吡脲的使用浓度不要超过 5 毫克/升，绝不能随意提高使用浓度。二是减少使用次数，推行一次性处理新技术。总的是减少生长期植物调节剂使用总量。

第四节　要正确掌握使用时期、使用浓度和方法

适时使用是关键。同一种植物生长调节剂在不同时期使用，所起作用和效果大不相同。如赤霉素 GA3 在花前不同时期使用可分别起到拉长花序、无核化的作用，花后坐果期使用可以使果实膨大、提高产量。使用时期不当容易造成小青果，影响产量和品质。

浓度控制是重点。不同药剂的有效浓度范围不同，药效持续长短也有差别。一般浓度过低达不到理想的效果，浓度过高容易造成药害，同时会产生一些负效应。如生长素在低浓度下对发芽起促进作用，但在高浓度下反而起抑制作用；又如 GA3 在促进果实膨大方面，使用浓度高容易降低果实可溶性固形物含量。

使用方法要得当。不同的使用方法同样会产生不同的效果，例如对果实处理时蘸穗和整株喷施效果大不相同。蘸穗，药剂只作用于植株的局部，作用效果单一，药效时间短；整株喷施，不仅对果实有效果，而且还对枝条和叶片产生作用，甚至还会影响第二年的花果情况。

第五节　要重视葡萄树的应用基础，做到因树施用

要想得到葡萄的优质、高产、高效益，合理的肥水和良好的田间管理是基础。只有肥水充足，才能保证树体有充足的营养物质，取得好的生产效果。管理粗放，树体营养严重不足，即使使用生长调节剂，也不会有好的效果。弱树不能靠喷膨大剂、增大果粒，提高产量和品质。树体状况对生长调节剂的使用效果有很大影响。同一剂量的膨大剂用在壮树上和弱树上，效果会大不相同甚至会完全相反。例如，在树势弱或徒长的树上进行无核处理，效果不稳定，果粒小，且有大小粒现象。上年树体过早期落叶或得过严重的霜霉病，新梢生长停止过晚的，都会造成枝条发育不充实，这样的树最好不做无核处理。

提高葡萄的产量和品质，关键是靠基础管理，而不是靠调节剂的使用。另外，在使用植物调节剂时，要注意气象条件对处理效果的影响。一般处理时，温度在20℃左右、湿度在80%以上最好；早晚湿度大时处理为好，30℃以上或10℃以下处理会影响药剂吸收。高温和正午时不宜使用。干旱的葡萄园应在处理前后浇水。如处理后8小时遇20毫米以上的降水需再处理时，处理浓度需降低，一般用原浓度的50%～80%。

在现实生产中，确有不少农户尚不撑握植调剂在葡萄中的正确使用方法。不少农户有过量使用植物调节剂的情况，有些

不该用膨果剂的品种也被用了，把膨果剂当成了万能药。因此，制定膨果剂使用的技术标准是当务之急。建议政府组织有关专家编写葡萄植调剂的使用规范，尽快普及标准化的、科学的使用方法。

附件1 烟台绿色食品（葡萄）生产操作规程

一、范围

本标准规定了 A 级绿色食品葡萄的产地条件、品种选择、苗木和定植、土肥水管理、整形修剪、果穗管理、埋土防寒和出土上架、病虫害防治、采收与包装贮运等技术要求。

二、要求

（一）产地条件

1. 环境条件

绿色食品产地环境应符合《绿色食品 产地环境技术条件》要求。

2. 气候条件

以≥10℃的有效积温来选择不同成熟期的品种。早熟品种为 2 500 ~ 2 900℃；中熟品种为 2 900 ~ 3 300℃；晚熟品种为 3 300 ~ 3 700℃；极晚熟品种为 3 700℃以上。年降水量 500 ~ 800 毫米。

3. 土壤条件

土层深厚、排水良好的砾质壤土或沙质壤土；pH 值 6.0 ~ 8.0；含盐量不超过 0.18%。

（二）品种选择

选用抗病、优质丰产、抗逆性强、适应性广、商品性好、耐贮运的中晚熟品种为主。其中，鲜食品种：巨峰、玫瑰香、红提、绿宝石、红手指等；无核品种：无核白、大列核白、京早晶、爱神玫瑰等；酿酒品种：雷司令、赤霞珠、蛇龙珠、品丽珠等；制汁品种：康可、康早、黑贝蒂等。

（三）苗木和定植

1. 苗木

（1）苗木应符合《葡萄苗木标准》要求。

（2）尽量采用无病毒苗木。

（3）寒冷地区尽量采用抗寒砧木的嫁接苗。

（4）不从有葡萄根瘤蚜疫区调入苗木。

2. 定植

（1）定植密度。单壁篱架 111～333 株/亩，［株行距（1.0～2.0）米×（2.0～3.0）米］。双壁篱架 95～267 株/亩［株行距（1.0～2.0）米×（2.5～3.5）米］。棚篱架 83～127 株/亩［株行距（1.5～2.0）米×（3.5～4.0）米］。小棚架 56～167 株/亩［株行距（1.0～2.0）米×（4.0～6.0）米］。

（2）定植时期。一般地区可秋季定植，冬季寒冷，冻地层深的地区以春季定植为宜。

（3）定植技术。定植穴宽 40 厘米，深 50 厘米；于穴中施入腐熟的有机肥 20～30 千克，并加少量过磷酸钙，肥料与表土混合好填入穴底，成馒头状，踩实。一般葡萄多开沟定植，沟宽、深 50 厘米。

定植前将苗木在水中浸 1 天左右，然后沾泥浆栽植。定植时将苗木的根系在坑中分布均匀，填土 1/2 深，将定植穴填平，踩实，立即灌水，待水渗下后，覆一层土。春季定植可覆地膜保墒。

（四）土肥水管理

1. 土壤管理

（1）深翻改土。一般在秋季落叶前后进行深翻，并结合施入基肥。成年果园深翻 50~60 厘米，幼年果园 30~50 厘米，如春季深翻以 20 厘米左右为宜。篱架栽培应距植株 50 厘米以外处深翻，棚架应以架下土壤为主。

（2）除草。采用人工除草外，不用化学除草，草长到一定高度时进行刈割，有利于防止绿盲蝽上树。

（3）间作。幼年果园可间作豆科作物。

（4）覆盖。早春灌水后，为防止水分蒸发，抑制杂草生长，提高地温，可覆盖稻草、麦秸、豆秸及绿肥等。

2. 施肥

（1）施肥原则。施肥应符合《绿色食品肥料使用准则》的要求。

（2）基肥。以秋施为宜。3~5 年生幼树，每株施有机肥 15~20 千克，混入过磷酸钙 0.5~0.8 千克；6 年生以上大树施有机肥 30~40 千克，混入过磷酸钙 0.8~1.0 千克。结合深翻土壤施入，施肥后马上灌水。

（3）追肥。盛果期树前期以追施氮肥为主，中后期以磷钾肥为主。每株施尿素 80~150 克，磷酸二铵 80~150 克，硫酸钾 80~200 克，施肥后灌水。采前 30 天内禁止土壤追肥。

（4）根外追肥。生长季结合喷施农药进行根外追肥，可喷施 0.3% 尿素、0.3% 磷酸二氢钾。采前 20 天内禁止根外追肥。

（5）有条件的产区，应根据土壤和叶分析结果进行营养诊断施肥。

3. 灌水与排水

（1）在葡萄早春出土后萌芽前灌水一次；开花前灌水一次，花期禁止灌水；浆果生长期灌一次水，浆果采收前 20～25 天停止灌水。秋季结合施基肥再灌一次水。埋土前灌一次封冻水。

不同地区可根据持水量确定灌水时期。一般在生长前期田间持水量应不低于 60%，后期在 50% 左右。

（2）雨季前疏通排水系统。北方地区雨季正是浆果成熟时期，必须注意及时排水。

（五）整形修剪

1. 架式

（1）篱架。单壁篱架高 1.5～2.0 米，按行每隔 6～8 米立一柱，其上牵引 4 道铁丝，第一道铁丝离地面 50 厘米左右，以上每道铁丝间隔 40～50 厘米。其上均匀分布枝蔓。篱架还可分双篱架（或双壁篱架）及宽顶篱架（T 形架）。

（2）棚架。小棚架后部高 1.0～1.5 米，架梢高 2.0～2.2 米，架面呈倾斜状；架长 5～6 米，棚面上引数道铁丝；大棚架可以是倾斜式或水平式（架高 2.0 米）。

（3）棚篱架。棚后部（篱面部）高 1.5～1.6 米，棚架口（棚面顶部）高 2.0～2.2 米，具有篱面和棚面。篱面部分引 2～3 道铁丝，棚面部分引 3～4 道铁丝。

2. 整形

（1）规则扇行。植株具有多个主蔓，一般为 3～4 个，每个主蔓上培养 1～2 个结果枝组。该树形适于篱架。

（2）龙干形。由地面倾斜生长出向上达于棚架的一条或二条龙干，通常长 5～6 米。在龙干的背上或两侧每隔 20～30 厘米培养 1 个枝组（称龙爪）每个枝组上着生 1～2 个结果母枝。该树形适于棚架。

3. 休眠期修剪

（1）埋土前修剪。修剪内容主要是保持树形规范，为翌年生长结果选留必要数量的结果母枝。按结果母枝的剪留长度区分：1～4芽为短梢修剪，5～7个芽为中梢修剪，8芽以上为长梢修剪。留枝或芽眼按产量（每亩1 000～1 500千克）计算后，多留10%左右。

（2）规则扇形每主蔓留1～2个结果枝组，每个枝组由1个中、长梢结果母枝和1个短梢替换枝组成，替换枝必须是壮枝，细、弱枝一般疏除。

（3）龙干形的修剪要点。第一年定植后，对长出的新梢截顶，冬剪时选留1～2健壮的新梢（粗度1.5厘米）留作未来龙干。第二年每个主梢相距60～70厘米，冬剪时主梢（龙干）继续长留，先端粗度保持1厘米左右。主蔓（龙干）上的侧生枝留1～2芽短截。第三年继续按上述方法修剪。除了先端的一年生枝剪留较长外，所有侧生的成熟一年生枝，均留1～2芽短剪。如肥水条件较好，间距较大时，少部分新梢可进行中梢修剪，结果后疏除。

4. 生长季修剪

（1）抹芽。萌芽以后开始。抹去双芽、弱梢、基部萌芽、徒长梢和过密梢。15～20厘米定枝，去除其他芽。

（2）绑梢和去卷须。当新梢长至30～40厘米时，开始将新梢绑到架面铁丝上。随新梢不断伸长，不断绑缚。一般要绑3～4次。绑梢时要将新梢均匀分布，间距一般为10厘米左右，并要随手摘去已发生的卷须。

（3）新梢摘心。在开花前4～5天对果枝进行摘心。摘心程度为果穗以上留6～8片叶；对果穗一下副梢从基部去掉，除果枝顶部摘心处下的2个副梢留3～4片叶反复摘心外，其余副梢均留1片叶摘心或从基部抹除。

（六）果穗管理

1. 疏花序

植株负载量过大时可疏去过密、过多及细弱果枝上的花序；强壮果枝留 2 穗，中庸果枝留 1 穗，细弱果枝尽量不留。

2. 掐穗尖和果穗整形

在开花前一周内进行。对果穗较疏松的品种，如玫瑰香、巨峰系等品种，一般掐去花序长度的 1/5 ~ 1/4；对有副穗的品种应去掉副穗。

3. 疏果

在花后 15 ~ 20 天进行。主要对果穗中的小粒果及过密的果进行疏除，大果粒巨峰保留 30 ~ 35 粒（穗重 350 ~ 500 克），红地球保留 60 ~ 100 粒（穗重 500 ~ 750 克）。

4. 果实套袋

巨峰葡萄 6 月 10 日开始套袋，夏至前套完。玫瑰香、红提、红宝石等品种夏至开始套袋，6 月底前套完。套袋前喷一次杀虫杀菌剂。采用葡萄专用纯白色纸袋，大果穗葡萄品种用 25 厘米 × 35 厘米，小果穗品种用 20 厘米 × 30 厘米。

5. 果实摘袋

去袋一般在果实成熟前一周进行。成熟期雨水多的地区，可适当早去袋，以保证果实的色泽。目前生产上也有果农为了防鸟、防虫或避免损害果面，采用不去袋操作，直到采收以后才去袋。

（七）埋土防寒和出土上架

1. 埋土防寒

一般在土壤封冻前埋土。冬剪后将葡萄枝蔓理顺，用绳捆扎，在行内将枝蔓按一个方向码放。特别是多年生葡萄，为防止将枝蔓基部压伤，可先在基部垫土。埋土忌过干或过湿，埋土要拍实，厚度距枝蔓要 20 厘米以上。

2. 出土

出土时间一般在清明前后，各地有所区别，顺着枝蔓放方向撒土，切忌伤着枝蔓出现伤流。

3. 上架

一般在芽萌动前后为宜，将主蔓均匀绑缚于架面或棚面上。为促进枝蔓下部芽能较好萌芽，往往在芽萌发后上架，此时上架尽量避免伤及萌芽。

（八）病虫害防治

农药使用应符合《绿色食品 农药使用准则》。

1. 基础防治措施

（1）加强栽培管理、增施基肥、合理排灌、控制湿度、控氮增钾、合理负载、增强树势是抗病虫害的基础。葡萄园附近不种杨柳树，减轻叶甲等危害。加强苗木检疫，采用不带病虫的砧穗和苗木。建立无病毒母本园，繁殖无病毒母本树，培育无病毒及无病虫的无性繁殖材料。

（2）萌芽前或芽膨大期喷施 3～5 波美度石硫合剂（要在葡萄植株、架桩、地面都喷到）。

（3）行间种植豆科紫花苜蓿或白三叶，可以固氮增加土壤肥力，改善果园小气候和抑制杂草生长，还有利于叶螨、蚜虫、食心虫等的天敌繁殖，在天敌达到一定数量时，适时刈割，迫使天敌上树控制虫害。

（4）搞好果园清园工作，及时剪除病虫枝、叶、果，并清除出园，集中焚烧或挖坑深埋。早期架下喷石灰杀死病残体中的病原物。秋季结合施肥深翻树盘，以消灭越冬虫体。

（5）果实套袋，可兼治多种食果害虫。套袋前要喷施杀虫杀菌剂。

（6）利用短波灯光、性诱剂、气味物等诱杀果园害虫，具有使用安全、对天敌影响较小、不污染环境、经济效益显著的特点，值得进行示范和推广。如佳多频振式杀虫灯，灯外配以频振式高压电网触杀，使害虫落袋，达到降低田间落卵量，压低虫口基数而起到防治害虫作用。气味物诱杀包括性诱剂诱杀和迷向、糖－酒－醋诱杀、烂果诱杀等方法。

（7）用人工除草的方法去除杂草。

（8）使用化学农药的安全期要求。病虫害化学防治药剂在整个生长季节中的使用次数和最后一次使用距采收的时间（天），用圆括号注于各农药之后，如5%噻螨酮1 500～2 000倍液（1，40），表示整个生长季节中允许使用1次，最后使用期距采收的时间必须在40天以上。药剂后未用圆括号标注的化学合成农药，也是整个生长季节只能使用一次，最后使用期距采收的时间一般要在30天以上。

2. 主要虫害防治

农药使用应符合《绿色食品 农药使用准则》的要求。

（1）葡萄根瘤蚜。葡萄新区要严格实行检疫。不从疫区调入苗木和插条。对苗木和插条进行热水处理（54℃处理5分钟或50℃处理30分钟）可有效防止根瘤蚜侵入。最好选用沙土地栽植葡萄。要选择抗性砧木育苗。

在葡萄根瘤蚜发生为害的葡萄园，可进行土壤处理，杀死蚜虫。方法是用50%辛硫磷乳油0.5千克拌入50千克细土，每亩用药土25千克，撒施于树干周围，翻入土内作土壤处理。

对于叶瘿型根瘤蚜，可选择20%吡虫啉乳油3 000倍液或25%噻虫嗪（阿克泰）水分散粒剂5 000倍液喷雾。

（2）葡萄绿盲蝽。葡萄园要尽量远离棉花和其他果树，以减少越冬成虫的侵入。及时清除杂草，并消灭杂草上的虫源。在生长季节要及时喷药防治，适用的药剂有 1.5% 天然除虫菊素水乳剂 1 000 ~ 1 500 倍液或 0.3% 苦参素植物杀虫剂水剂 1 000 倍液。

（3）葡萄叶蝉。秋后要及时清除园内杂草及枯枝落叶以减少虫源，生长期要及时摘心、整枝，增加葡萄的通风透光性，并及时清除园内外杂草。春季第一代若虫发生期是全年喷药防治的关键时期，适用的药剂有 25% 噻虫嗪（阿克泰）6 000 ~ 8 000 倍液，20% 吡虫啉乳油 2 000 ~ 3 000 倍液或 1.5% 天然除虫菊素水乳剂 1 000 ~ 1 500 倍液。

（4）葡萄透翅蛾。在新葡萄种植区，检查种苗，接穗等繁殖材料，查到有幼虫的要集中烧毁。冬前修剪或春季修剪时要注意把被害有膨大特征的枝条彻底剪除，并集中烧毁，消灭越冬幼虫。

对于不易修剪的粗枝条，可用铁丝从被害孔口处插入杀死里面的幼虫，也可在孔口中直接注入 50% 敌敌畏乳油 500 倍液（1，10），后封泥；新梢受害，可用刀插入枝蔓纵割被害部将虫杀死。在成虫羽化期要进行重点防治（5—6 月），适用的药剂有 50% 杀螟松乳油 1 000 ~ 1 500 倍液（1，30）或 50% 敌敌畏乳油 1 000 倍液（1，20）。

（5）葡萄十星叶虫。结合冬季清园，清除枯枝落叶及根际附近的杂草，集中烧毁，消灭越冬卵。在化蛹期及时进行中耕，可消灭蛹。初孵化幼虫集中在下部叶片上为害时，可摘除有虫叶片，集中处理。利用成虫和幼虫的假死性，以容器盛草木灰或石灰接在植株下方，震动茎叶，使成虫落入容器中，集中处理。在成虫和幼虫发生期，药剂防治可选用 15% 福奇 4 000 ~ 5 000 倍液（1，30），2.5% 劲彪乳油（高效氯氰菊酯）2 000 倍液（1，40），1.5% 天然除虫菊素水乳剂 1 000 ~ 1 500 倍液或 50% 敌敌畏乳剂 1 000 倍液（1，20）等。

（6）葡萄粉虱。冬季修剪后，彻底清除田间落叶，并集中烧毁，以消灭越冬虫源。生长季保持葡萄园内通风透光，是抑制该虫发生的基础。

幼虫发生期采用药剂防治，适用的药剂有10%吡虫啉可湿性粉剂3 000倍液或80%敌敌畏乳油1 000倍液（1，20）等。

（7）葡萄缺节瘿螨（葡萄毛毡病）。新建园选用无病害苗木，不要从病区引进苗木。若从病区引进了苗木，定植前必须先进行消毒处理，方法是把苗木或插条先放入30～40℃温水中浸3～5分钟，然后移入50℃温水中浸5～7分钟，可杀死潜伏在芽内越冬的葡萄缺节瘿螨。秋天葡萄落叶后彻底清扫田园，将病叶及其病残物集中烧毁或深埋，以消火越冬虫源。

早春葡萄萌芽后展叶前喷3～5波美度石硫合剂。葡萄展叶后，若发现有被害叶，应立即摘除，并喷药防治。适用的药剂有0.2～0.3波美度石硫合剂，10%浏阳霉素乳油1 000～2 000倍液或5%霸螨灵悬浮剂1 000～2 000倍液。

3. 主要病害的防治

农药使用应符合《绿色食品 农药使用准则》的要求。

（1）葡萄霜霉病。秋季葡萄落叶后要及时清除园内的病叶、病果。入冬前结合修剪剪除病枝蔓。早春萌芽前结合防治其他病害喷施3～5波美度石硫合剂进行防治。葡萄生长中要注意及时摘心、绑蔓和中耕除草，提高结果部位，及时剪除下部叶片和新梢。潮湿的气候条件易发病。应根据测报及时喷药保护和治疗，尤其要注意雨后及时喷药。喷药可间隔10～15天进行一次。连续喷施2～3次。适用的杀菌剂有1：1：200倍液波尔多液，30%绿得保硫胶悬剂400～500倍液，75%达科宁600倍液或25%阿米西达（嘧菌酯）水乳剂2 000倍液。

（2）葡萄黑痘病。秋季葡萄落叶后要及时清除园内的病叶、病果。入冬前结合修剪剪除病枝蔓。早春萌芽前结合防治其他病害喷施 3～5 波美度石硫合剂进行防治。在葡萄开花前和果实至黄豆粒大小时要及时喷杀菌剂防治。以后的防治要视降水和病害发展而定。适用的药剂有 1：1：200 倍液波尔多液，30%绿得保硫胶悬剂 400～500 倍液，75%百菌清可湿性粉剂 600～800 倍液（1，30）或 25%阿米西达（嘧菌酯）水乳剂 2 000倍液。

（3）葡萄炭疽病。清洁田园和休眠期防治同葡萄霜霉病。生长季节防治，葡萄炭疽病有明显的潜伏侵染现象，应提早喷药保护，一般在初花期开始喷药，隔半月左右喷一次，连续喷 3～4 次。在果实生长期每次降水后，特别是果实近成熟期遇到降水要及时喷药防治。适用的药剂有 10%苯醚甲环唑（世高）水分散颗粒剂 1 500～3 000倍液，0.5%卫保水剂 500～600 倍液，75%百菌清可湿性粉剂 600 倍液（1，30）或 1：1：200 倍液波尔多液。

（4）葡萄白腐病。要加强栽培管理，及时清除病枝、病果减少病菌基数；提高结果部位，尽量使果穗位置在 50 厘米以上，减少土壤中病菌侵染机会；要及时摘心、绑蔓、中耕除草，雨后及时排水，降低田间湿度；落花后及时套袋，减少病菌侵染机会。有条件的地方可在落花后在葡萄架下盖地膜，可防止土壤里的病菌传播到近地面的果穗和枝叶上。发病初期开始喷杀菌剂。适用的药剂有 32.5%阿米妙收（醚菊酯＋苯醚甲环唑）悬浮剂 2 000倍液（1，30），50%硫悬浮剂 500 倍液，1：1：200 倍液波尔多液，75%百菌清可湿性粉剂 600～800 倍液（1，30）或 50%多菌灵 1 000倍液。一般隔 10～15 天喷一次，连续防治3～4 次。

雨季要注意加展着剂或 0.05%皮胶等，可增加药效。重病园要在发病前用 50%福美双粉剂 1 份、硫黄粉 1 份、碳酸钙 1 份，三种药剂混匀后撒在葡萄园地面上，每亩撒 1～2 千克，可减轻发病。

（5）葡萄白粉病。清洁田园、休眠期防治等同葡萄霜霉病。发病初期喷布1：1：200倍液波尔多液。葡萄开花至幼果期继续喷施杀菌剂。适用的药剂有10%苯醚甲环唑（世高）水分散颗粒剂2 000倍液（1，30），0.05%卫保水剂500～600倍液或20%粉锈宁可湿性粉剂1 000～1 500倍液（1，30）。

（6）葡萄灰霉病。葡萄园内注意合理间作，不与月季、玫瑰等间作或相邻栽培。清洁田园、休眠期防治见葡萄霜霉病。发病初期，及时剪除发病花穗，防止扩散蔓延。

开花前及初花期喷洒1：1：200倍波尔多液，50%多菌灵可湿性粉剂800～1 000倍液或75%托布津可湿性粉剂1 000倍液。果实着色前可喷洒50%多菌灵可湿性粉剂800～1 000倍液，以预防或减轻花、果的发病。也可用50%扑海因可湿性粉剂800～1 000倍液或50%速克灵可湿性粉剂1 000倍液进行防治。

（7）葡萄蔓枯病和枝枯病。在发芽前喷施5波美度石硫合剂，5—6月及时喷药，可选用1：1：200倍液波尔多液或50%琥胶肥酸铜（DT杀菌剂）可湿粉剂500倍液。

（九）采收与包装贮运

1. 果实质量
应符合《绿色食品 温带水果》的要求。

2. 采收
（1）采收应在达到果实质量标准时进行。

（2）采收时用左手拇指掐住穗梗，右手握剪，在穗梗基部靠近新梢处剪下，轻轻放入果篮中。穗梗短的品种，可用左手托住果穗，然后剪下。

3. 包装和贮运
（1）果实包装。应符合《绿色食品 包装通用准则》的要求。

（2）贮藏运输。应符合《绿色食品 贮藏运输准则》的要求。

备注：本技术规程摘编于《绿色食品 葡萄生产操作规程（华北地区）》（LB/T 1011—2009）。

附件2　NY 469—2001

NY 469—2001

前　言

本标准的附录 A 和附录 B 都是标准的附录。

本标准由农业部市场与经济信息司提出。

本标准起草单位：中国农业科学院郑州果树研究所、天津市农科院林果所、北京农学院等。

本标准主要起草人：孔庆山、刘崇怀、潘兴、修德仁、晁无疾、刘俊、刘捍中、杨承时、吴德展。

中华人民共和国农业行业标准

葡 萄 苗 木

Grape nursery stock

NY 469—2001

1 范围

本标准规定了葡萄苗木的质量标准、判定规则、检验方法、起苗、贮苗和包装。

本标准适用于一年生自根和嫁接有萄苗木。

2 引用标准

下列标准所包含的条文,通过在本标准中引用而构成为本标准的条文。本标准出版时,所示版本均为有效。所有标准都会被修订,使用本标准的各方应探讨使用下列标准最新版本的可能性。

GB 9847—1988 苹果苗木

SB/T 10332—2000 大白菜

3 定义

本标准采用下列定义。

3.1　接穗

用于嫁接繁殖的当年生新梢（绿枝嫁接）或一年生成熟枝条（硬枝嫁接）。

3.2　自根苗

利用插条经扦插或通过组培获得的苗木。

3.3　嫁接苗

利用接穗经嫁接培育成的非自根性苗木。

3.4　侧根数量

葡萄苗木地下部从插条（或砧木插条）上直接生长出的侧根数。

3.5　侧根粗度

侧根距基部1.5厘米处的粗度。

3.6　侧根长度

侧根基部至先端的距离。

3.7　枝干高度

根颈至剪口处的枝条长度。

3.8　枝干粗度

根颈以上5厘米处（扦插苗）或接口上第二节中间处（嫁接苗）的粗度（枝条直径）。

3.9 接口高度

根颈（地面处）至嫁接口的距离。

3.10 检疫对象

国家检疫部门规定的危险性病虫害。

4 质量标准

4.1 自根苗的质量标准

自根苗的质量标准见表 1。

表 1 自根苗质量标准

项目		级别		
		一级	二级	三级
品种纯度			≥98%	
根系	侧根数量	≥5	≥4	≥4
	侧根粗度，厘米	≥0.3	≥0.2	≥0.2
	侧根长度，厘米	≥20	≥15	≤15
	侧根分布		均匀　舒展	
枝干	成熟度		木质化	
	枝干高度，厘米		20	
	枝干粗度，厘米	≥0.8	≥0.6	≥0.5
根皮与枝皮			无新损伤	
芽眼数		≥5	≥5	≥5
病虫危害情况			无检疫对象	

4.2 嫁接苗的质量标准

嫁接苗的质量标准见表2。

表2　嫁接苗质量标准

项目			级别		
			一级	二级	三级
	品种与砧木纯度			≥98%	
根系	侧根数量		≥5	≥4	≥4
	侧根粗度，厘米		≥0.4	≥0.3	≥0.2
	侧根长度，厘米			≥20	
	侧根分布			均匀　舒展	
枝干	成熟度			充分成熟	
	枝干高度，厘米			≥30	
	接口高度，厘米			10~15	
	粗度	硬枝嫁接，厘米	≥0.8	≥0.6	≥0.5
		绿枝嫁接，厘米	≥0.6	≥0.5	≥0.4
	嫁接愈合程度			愈合良好	
	根皮与枝皮			无新损伤	
	接穗品种芽眼数		≥5	≥5	≥3
	砧木萌蘖			完全清除	
	病虫危害情况			无检疫对象	

5 检测方法与检验规则

5.1 检测苗木的质量与数量，采用随机抽样法。按 **GB 9847** 执行

5.2 砧木或品种的纯度：苗木生产过程中，育苗单位应在生长季节依据砧木或品种的植物学特征进行纯度鉴定和去杂，除萌（嫁接苗），并对一般病虫害加以防治

5.3 侧根数量：目测，计数

5.4 侧根粗度、枝干粗度：用游标卡尺测量直径

5.5 侧根长度、枝干长度、接口高度：用尺测量

5.6 接口部愈合程度：外部目测或对接合部纵剖观测

5.7 芽眼数：目测，计数

5.8 病虫危害、机械损伤：目测

5.9 检疫：植物检疫部门取样检疫

5.10 每批苗木抽样检验时对不合格等级标准的苗木的各项目进行记录，如果一株苗木同时有几种缺陷，则选择一种主要缺陷，按一株不合格品计算。计算不合格百分率。各单项百分率之和为总不合格百分率。按 **SB/T 10332** 计算

6 等级判定规则

6.1 各级苗木标准允许的不合格苗木只能是邻级，不能是隔级苗木

6.2 一级苗的总不合格百分率不能超过 5％，单项不合格百分率不能超过 2％；二级、三级苗的总不合格百分率不能超过 10％，单项不合格百分率不能超过 5％。不合乎容许度

范围的降为邻级，不够三级的视为等外品

7　起苗、贮苗、出口、包装

7.1　起苗

秋季至土壤封冻前起苗。土壤过干时应浇水后起苗，起苗应在苗木两侧距离20厘米以外处下锹。起苗时亦应避免对地上部分枝干造成机械损伤。起苗后立即根据苗木质量要求时苗木进行修整和分级，捆扎成捆，并及时按品种分别进行贮存。

7.2　贮苗

苗木在贮存期间不能受冻、失水、霉变。

7.3　出圃

7.3.1　苗木出圃应随有苗木生产许可证、苗木标签和苗木质量检验证书。

7.3.2　标签样式见附录 A。

7.3.3　葡萄苗木质 1 检验证书见附录 B。

7.3.4　包装

远途运苗，在运输前应用麻袋、尼龙编织袋、纸箱等材料包装苗木。每捆20株。包内要填充保湿材料，以防失水，并包以塑料膜。每包装单位应附有苗木标签，以便识别。

附录 A
（标准的附录）
葡萄苗木标签

葡萄苗木	
品种	砧木
苗级	株数
质量检验证书编号	
生产单位和地址	

附录 B
（标准的附录）
葡萄苗木质量检验证书

葡萄苗木质量检验证书存根

编号：＿＿＿＿＿＿

品种/砧木：＿＿＿＿＿＿＿＿＿＿＿＿＿＿＿＿＿＿＿＿＿＿＿＿＿＿＿＿

株数：＿＿＿＿＿＿＿＿＿其中：一级：＿＿＿＿＿＿二级：＿＿＿＿＿＿三级：＿＿＿＿＿

起苗木日期：＿＿＿＿＿＿包装日期：＿＿＿＿＿＿发苗日期：＿＿＿＿＿＿＿＿＿

育苗单位：＿＿＿＿＿＿＿＿＿＿用苗单位：＿＿＿＿＿＿＿＿＿＿＿＿＿＿

检验单位：＿＿＿＿＿＿＿＿＿＿＿检验人：＿＿＿＿＿＿签证日期：＿＿＿＿＿＿

葡萄苗木质量检验证书

编号：＿＿＿＿＿＿

品种/砧木：＿＿＿＿＿＿＿＿＿＿＿＿＿＿＿＿＿＿＿＿＿＿＿＿＿＿＿＿

株数：＿＿＿＿＿＿＿＿＿其中：一级：＿＿＿＿＿＿二级：＿＿＿＿＿＿三级：＿＿＿＿＿

起苗木日期：＿＿＿＿＿＿包装日期：＿＿＿＿＿＿发苗日期：＿＿＿＿＿＿＿＿＿

品种来源：＿＿＿＿＿＿＿＿＿＿＿砧木来源：＿＿＿＿＿＿＿＿＿＿＿＿＿

育苗单位：＿＿＿＿＿＿＿＿＿＿用苗单位：＿＿＿＿＿＿＿＿＿＿＿＿＿＿

检验意见：＿＿＿＿＿＿＿＿＿＿＿＿＿＿＿＿＿＿＿＿＿＿＿＿＿＿＿＿＿

检验单位：＿＿＿＿＿＿＿＿＿＿＿检验人：＿＿＿＿＿＿签证日期：＿＿＿＿＿＿